Meine Wasserschildkröte zu Hause

Tina Gorf / Eva-Grit Schneider

bede bei Ulmer

Inhalt

4 Vorwort

6 Systematik

7 Geschichte

8 Rassen und Artenportraits

14 Überlegungen vor dem Kauf

Für wen sind Schildkröten geeignet? ○ Auswahl der richtigen Bezugsquelle ○ Hohes Lebensalter ○ Wie ist die Rechtslage? ○ Auflagen des Artenschutzgesetzes ○ Welche Schildkröte passt zu mir? ○ Unterscheidungsmerkmale ○ Geschlechtsunterschiede ○ Gesundheitscheckliste für den Kauf ○ Meine Schildkröte und andere Haustiere

22 Eingewöhnung

Transport ○ Richtiges Anfassen ○ Quarantäne muss sein

26 Haltung

Unterbringung ○ Ausstattung ○ Standort ○ Freianlage im Garten ○ Sonnenbad auf Balkon oder Terrasse

32 Pflege

Welche Pflege braucht meine Wasserschildkröte? ○ Pflegeutensilien ○ Eine oder besser gleich mehrere Schildkröten? ○ Die Winterruhe ○ Ein erprobter Pflegeplan ○ Schildkröte auf Urlaub?

40 Verhalten

So verstehe ich meine Schildkröte

42 Ernährung & Ernährungs-grundsätze

Gesunde Ernährung ○ Futterzusätze – ja oder nein? ○ Checkliste fürs Füttern ○ So füttern Sie Ihre Schildkröte richtig

46 Anatomie

Panzer ○ Schnabel ○ Lungen ○ Beine

48 Meine gesunde Wasserschildkröte

Gesunde und kranke Schildkröten ○ Gesund-heitsvorsorge ○ Wann muss meine Schildkröte zum Arzt? ○ Krankheitsmerkmale und ihre Ursachen ○ Krankheiten ○ Notfallapotheke ○ Erste Hilfe

58 Zucht

Nachwuchs ○ Die Eiablage ○ Ist das Ei befruchtet? ○ Die Brutkammer ○ Die Schild-krötenbabys schlüpfen ○ Aufzucht der Jungschildkröten

63 Adressen, Links, Literatur

Vorwort

Erinnern Sie sich an die uralte Morla im Sumpf? In Michael Endes fantastischem Kinderbuch „Die unendliche Geschichte" spricht die weise Schildkröte mit dem langen Hals und den großen Kulleraugen in Rätseln und hilft dem jungen Helden, die Märchenwelt zu retten. Im echten Leben sprechen Schildkröten zwar nicht, aber einen langen Hals und große, runde Augen haben sie tatsächlich. Und das macht sie uns sympathisch. Wir haben keine Angst vor ihnen. Zumal Schildkröten nicht nur bei den Chinesen als Symbol der Weisheit, Ruhe und Kraft verehrt werden.

Nun gilt aber für Schildkröten, was auf alle Tiere zutrifft: Sie sind kein Spielzeug. Auch wenn sie als Jungtiere, frisch aus dem Ei geschlüpft, bezaubernde Winzlinge sind. Ich kenne kaum jemanden, der so ein niedliches Reptil nicht am liebsten hochheben und streicheln würde. Doch Schildkröten mögen weder schmusen noch herumtollen. Für sie bedeutet so eine Behandlung puren Stress. Denn sie sind hoch komplizierte und empfindliche Wesen. Der falsche Umgang mit ihnen, eine nicht artgerechte Haltung kann zu Krankheit und Tod führen. Doch in einer artgerechten Umgebung und bei guter Pflege sind sie spannende Mitbewohner. Wer sich mit den Panzertieren beschäftigt und sie beobachtet, wird seine helle Freude an ihnen haben. Denn Schildkröten, Testudines, sind weder bewegungslos noch phlegmatisch. Im Gegenteil. Sie gelten als neugierig, gelehrig, lebhaft und gewöhnen sich schnell an den Menschen.

So fühlen sich Wasser- und Sumpfschildkröten im Terrarium wohl: Flaches Gewässer, damit sie jederzeit wieder an Land gehen können.

Neugierig begutachtet die Goldkopf-Scharnierschildkröte ihre Umgebung.

Systematik

Schildkröten gehören, wie zum Beispiel auch Krokodile, zur Klasse der Reptilien. Schildkröten (Testudines) gliedern sich in zwei Unterordnungen – Halswender (Pleurodira) und Halsberger (Cryptodira) -, zwölf Familien sowie 87 Gattungen. Weltweit gibt es heute noch circa 295 Schildkrötenarten. Erstaunlich ist die enorme Spanne innerhalb der Ordnung, was Größe und Gewicht angeht. Die kleinste Art (*Homopus signatus*) findet sich in Südafrika: gerade mal 9,5 cm lang und 150 Gramm leicht. Dem gegenüber steht die Lederschildkröte (*Demochelys coriacea*), die es auf stattliche 2,4 m bei 86 kg bringt. Schildkrötenweibchen verbuddeln ihre Eier im warmen Sand oder der Erde. Nach etwa 50–120 Tagen schlüpft der Nachwuchs.

Es gibt circa 295 bekannte Sumpf- und Wasserschildkrötenarten.

Info

Systematik

- **Klasse:** Reptilien (Reptilia)
- **Unterklasse:** Anapsida
- **Ordnung:** Schildkrötenartige Kriechtiere (Testudines)
- **Unterordnungen:** Halsberger (Cryptodira) / Halswender (Pleurodira)
- **Familien:** 11, Gattungen: 87, Arten: circa 295

Geschichte

Seit etwa 200 Millionen Jahren gibt es Schildkröten. Und während die Dinosaurier ausstarben, gelang es den Schildkröten zu überleben. Heute gelten die Einzelgänger zusammen mit den Krokodilen als eine der ältesten Tierfamilien und werden in der Natur bis zu 120 Jahre, in Obhut von Menschen bis zu 30 Jahre und älter.

Experten gehen davon aus, dass Schildkröten den extremen klimatischen Schwankungen deswegen trotzen konnten, weil sie durch ihren Panzer geschützt sind und sehr anpassungsfähige Tiere sind. Heute existieren noch etwa 295 Arten weltweit. Sie leben in Flüssen, Seen, Teichen und Ozeanen. Aber auch in Sümpfen, Regenwäldern oder Steppen sind sie zu finden. Schildkröten schlüpfen aus Eiern. Diese werden von den Weibchen im Sand verbuddelt und durch Sonnenwärme ausgebrütet.

Viele der Wasser- und Sumpfschildkröten leben in subtropischen und tropischen Gebieten – so wie diese Amboina-Scharnierschildkröte.

In der freien Natur verbuddeln die Schildkröten ihre Eier im Sand. Von diesem Moment an ist die Brut auf sich allein gestellt.

Schildkröten zählen zur Gruppe der Reptilien. Dabei gibt es zwei Gruppen. Die Halsberger- und die Halswender-Schildkröten. Die Halsberger (Cryptodira) ziehen ihren Kopf vollständig in den Panzer. Dagegen legen die Halswender (Pleurodira) Kopf und Hals seitlich zwischen Bauch- und Rückenpanzer.

Die meisten Schildkröten finden sich in den tropischen und subtropischen Gebieten. Denn sie sind auf Wärme angewiesen. Dennoch gibt es auch einige Arten, die sich im Verlauf der Evolution den gemäßigten Zonen angepasst haben. Im wechselvollen Klima von Europa, Australien oder Nordamerika können zum Beispiel Waldbachschildkröten (*Glyptemys insculpta*) oder Zierschildkröten (*Chrysemys picta*) deswegen überleben, weil sie während der kalten Monate Winterruhe halten.

Wer also die Lebensansprüche seiner Schildkröte genau kennt und diese bei der Haltung berücksichtigt, wird über Jahre und Jahrzehnte ein gesundes Tier beherbergen.

Rassen und Artenportraits

Moschusschildkröte
(*Sternotherus odoratus*)

Herkunft: USA (Florida) bis südliches Kanada. Lebt in Teichen und Tümpeln.

Größe: 12 – 5 cm

Merkmale: graubrauner bis schwarzer Rückenpanzer, von Schnauzenspitze bis über und unter dem Auge ein heller Streifen bis zum Hals

Futter: Fleischkost, Vorliebe für Schnecken

Lebensweise: tag- und nachtaktiv, lebt versteckt, schlechte Schwimmerin

Verträglichkeit: Einzelhaltung

Haltung: Aquaterrarium (130 x 70 x 70 cm): ein Viertel Landteil, strukturierter Wasserteil mit Ausstiegshilfe, Wasserstand bis 20 cm, Boden griffig, kein Wärmespot nötig; im Sommer im dicht bepflanzten Gartenteich möglich

Temperatur: Wasser 20 – 25 °C, die Arten aus den südlichen USA bei 23 – 28 °C, Luft 24 – 28 °C

Winterruhe: keine

Ähnlich zu pflegen: Kleine Moschusschildkröte (*Kinosternon minor*), Dach-Moschusschildkröte (*Kinosternon carinatum*), Klapp-Sumpfschildkröte (*Kinosternon subrubum*)

Zierschildkröte
(*Chrysemys picta*)

Herkunft: USA, Ost-Texas, Süd-Ost-Missouri. Lebt in ruhigen Fließgewässern, Seen oder Teichen.

Merkmale: auffallend glatter Rückenpanzer, Unterrand mit schwarz-roter Zeichnung

Größe: 15 cm

Futter: Pflanzenfresser

Lebensweise: tagaktiv, Futtersuche und Sonnenbäder im Wechsel, sehr schwimmfreudig

Verträglichkeit: Gruppenhaltung möglich

Haltung: Aquaterrarium (130 x 70 x 70 cm), Wasserstand 40 – 60 cm, Landteil und Wärmespot 35 °C, von Juni bis September im Gartenteich

Temperatur: Wasser und Luft 23 – 26 °C, Jungtiere Wasser und Luft 28 °C

Winterruhe: empfehlenswert bei 4 – 8 °C

Ähnlich zu pflegen: Europäische Sumpfschildkröte (*Emys oricularis*)

Artenschutzauflagen: Der Besitz der Zierschildkröte (*Chrysemys picta*) ist meldepflichtig.

Rotwangen-Schmuckschildkröte
(*Trachemys scripta elegans*)

Herkunft: Süd-USA, Mississippi; ruhige krautreiche und sonnenexponierte Fließgewässer

Merkmale: roter Streifen hinter dem Auge

Größe: bis 30 cm

Futter: Jungtiere Fleischfresser (Forellenfilet, Tartar, Katzentrockenfutter), wenn älter, auch Pflanzenfresser

Lebensweise: tagaktiv, lebhafte Schwimmerin, Sonnenanbeterin, gerne dicht über dem Wasser

Verträglichkeit: Gruppenhaltung möglich, alte Tiere gelegentlich aggressiv

Haltung: Aquaterrarium (für erwachsene Tiere groß gestalten) Landteil und Wärmespot 35 °C, von Mai – Oktober Gartenteich, Wassertiefe 40 – 60 cm

Temperatur: Wasser und Luft 24 – 28 °C

Winterruhe: ab erstem Lebensjahr, 3 – 4 Monate im Wasser, bei 8 – 10 °C, nicht im Gartenteich

Ähnlich zu pflegen: Gelbwangen-Schmuckschildkröte (*Trachemys scripta scripta*), Hieroglyphen-Schmuckschildkröte (*Pseudemys concinna hieroglyhica*), Mississippi-Höckerschildkröte (*Graptemys kohnii*)

Artenschutzauflagen: Einfuhr genehmigungspflichtig durch das Bundesamt für Naturschutz.

Schwarze Schnappschildkröte
(*Chelydra serpentina*)

Herkunft: Süd-Kanada, Ost-USA, Mexiko. Lebt in Flüssen, Seen, Sümpfen, Wassergräben.

Merkmale: brauner bis schwarzer Rückenpanzer, drei Längskiele, hinten grob gesägt, kleiner Bauchpanzer, massiger Kopf mit papageienartigem Oberkiefer, extrem langer Schwanz

Größe: bis 50 cm

Futter: tierische Kost, gelegentlich Wasserpflanzen

Haltung: nur als Jungtier in sehr großem Aquaterrarium mit Landteil und Sonnenplatz (30 – 35 °C); für ältere Tiere nur Freilandhaltung im pflanzenreichen und mindestens 80 cm tiefen Teich mit Schlammschicht und Ausstiegshilfe möglich

Temperatur: Wasser und Luft 20 – 25 °C

Winterruhe: keine

Ähnlich zu pflegen: Großkopf-Schildkröte (*Platysternon megacephalum*)

Artenschutzauflagen: Der Besitz und die Vermarktung der schwarzen Schnappschildkröte (*Chelydra serpentina*) ist in Deutschland verboten.

Amboina-Scharnierschildkröte
(*Cuora amboinensis*)

Herkunft: Südostasien. Lebt in Flüssen, Sümpfen, Kanälen, flachen Tümpeln Reisfeldern.

Merkmale: flacher, dunkelbrauner, hochgewölbter Rückenpanzer, dunkler Kopf mit gelbem Längsband bis zur Schnauzenspitze

Futter: vorwiegend Pflanzen, gelegentlich Fleisch

Lebensweise: tagaktiv, schlechte Schwimmerin

Verträglichkeit: Paarhaltung möglich, eventuell Geschlechter trennen

Haltung: Aquaterrarium (130 x 70 x 70 cm) mit großem Landteil und Wasserteil, Kletterhilfe und Wärmestrahler 35 °C, Gartenteich nur an warmen Sommertagen

Temperatur: Wasser 28 °C (nicht unter 22 °C), Luft 28 – 30 °C

Winterruhe: keine

Artenschutzauflagen: Der Besitz der Amboina-Scharnierschildkröte (*Cuora amboinensis*) ist meldepflichtig. Ebenfalls, wenn Tiere sterben oder sich der Bestand durch Züchtung vergrößert. Außerdem kann die Landesbehörde den rechtmäßigen Erwerbsnachweis verlangen. Daher unbedingt alle notwendigen Papiere beim Kauf verlangen und sorgfältig aufbewahren.

Rotbauch-Spitzkopfschildkröte
(*Emydura albertisii*)

Herkunft: Neuguinea, Australien. Lebt in Flüssen, Seen, Teichen.

Größe: bis 30 cm

Merkmale: flacher, dunkelbrauner bis schwarzer Rückenpanzer, roter Bauchpanzer, schwarzer Kopf, von Schläfen über Auge bis Schnauzenspitze breiter, gelber Streifen

Futter: vorwiegend Fleisch

Lebensweise: lebhafte Schwimmerin

Verträglichkeit: gut, Gruppenhaltung möglich

Haltung: Aquaterrarium (130 x 70 x 70 cm) mit großem Wasser- und Landteil, Wärmestrahler 35 °C, Mai – Oktober im Gartenteich möglich, 40 – 60 cm Wassertiefe

Temperatur: Wasser 24 – 26 °C, Luft 26 – 28 °C

Winterruhe: keine

Ähnlich zu pflegen: Elseya-Schildkröten (*Elseya dentata*) und (*Elseya novaegunieae*)

Chinesische Dreikielschildkröte
(*Chimeys reevesii*)

Herkunft: Mittleres und Südost-China, in Japan eingeführt. Lebt in ruhigen Flüssen, flachen, pflanzenreichen Seen, Teichen, Tümpeln, Wassergräben.

Größe: Männchen 18–20 cm, Weibchen bis 15 cm

Merkmale: bräunlicher bis schwarzer Rückenpanzer mit drei Kielen, dunkle Weichteile mit hellen Linien hinter dem Auge und am Hals

Futter: Fleischkost

Lebensweise: tagaktiv, lebhaft, sonnt sich gerne, schlechte Schwimmerin

Verträglichkeit: Gruppenhaltung möglich, Männchen trennen

Haltung: Aquaterrarium (130 x 70 x 70 cm) mit Landteil und Wärmestrahler 35 °C, Mai–September im pflanzenreichen Gartenteich mit Ausstiegshilfe

Temperatur: Wasser und Luft 20–25 °C

Winterruhe: möglich bei 8–10 °C

Australische Schlangenhalsschildkröte
(*Chelodina longicollis*)

Herkunft: Ost-Australien. Lebt in langsamen Fließgewässern, vor allem aber in Sümpfen.

Größe: 20 cm

Merkmale: flacher, glatter, dunkelbrauner Rückenpanzer, Oberseite Beine und langer Hals dunkelgrau. Kopfunterseite, Hals und Weichteile gelblich bis hellgrau

Futter: ausschließlich Fleischkost, Fisch, Krebse, Schnecken

Lebensweise: tagaktiv, lebhaft, eifrige Schwimmerin, sonnt sich gerne

Verträglichkeit: Einzelhaltung

Haltung: Aquaterrarium (130 x 70 x 70 cm) mit 40–60 cm Wassertiefe, mit Sand gefüllter Landteil und Wärmestrahler 35 °C, Mai–September im pflanzenreichen Teich

Temperatur: Wasser und Luft 25–27 °C

Winterruhe: möglich, aber nicht nötig

Zackenerdschildkröte
(*Geomeyda spengleri*)

Herkunft: Südchina, Vietnam, Indonesien, Malaysia, Thailand; feucht-tropische Bergwälder

Größe: 15 cm

Merkmale: flacher, länglicher, brauner Rückenpanzer, hinten stark gezackt, mit Mittelkiel und zwei seitlichen Kielen, bräunlicher Kopf, hakenförmiger Schnabel; Jungtiere und Weibchen am Kopf und Hals gelbe Längsbänder

Futter: Fleischkost, Lebendfutter wie Würmer, Schnecken, junge Nagetiere; nimmt ungern bewegungsloses Futter, auch weiches, süßes Obst

Lebensweise: tagaktiv, lebhaft, lebt versteckt an Land, badet gerne

Verträglichkeit: Einzelhaltung

Haltung: Waldterrarium (130 x 70 x 70 cm), Boden unbeheizt, feuchtes Erde-Torf-Gemisch, üppig bepflanzt, Verstecke, unbedingt Wasserbecken

Temperatur: Wasser und Luft 20 – 25 °C

Winterruhe: Im Winter für einige Wochen die Temperatur im Terrarium auf 8 – 10 °C absenken.

Ähnlich zu pflegen: Indische Dornschildkröte (*Pyxidea mouhouti*): Sonnenplatz 25 °C; Carolina-Dosenschildkröte (*Terrapene carolina*) *und* Waldbachschildkröte (*Glyptemys insculpta*): Sonnenplatz 25 – 30 °C; tiefen, feuchten Boden

Klappbrust-Pelomedusenschildkröte
(*Pelusios castaneus*)

Herkunft: West-Afrika über Zentral-Afrika, Kapverden. Lebt in Flüssen, flachen, pflanzenreichen Tümpeln, in schlammigen Uferbereichen.

Größe: 25 cm

Merkmale: flacher, dunkelgrauer bis brauner Rückenpanzer, brauner Kopf mit Netzmuster an Oberseite

Futter: Fleischkost, Fische, Schnecken; gierig, deshalb einzeln füttern

Lebensweise: dämmerungsaktiv, lebhaft, gräbt sich gern ein, keine Sonnenanbeterin

Verträglichkeit: Gruppenhaltung möglich, Verträglichkeit von Männchen prüfen

Haltung: Aquaterrarium (130 x 70 x 70 cm) mit geringem Wasserstand, Landteil und Wärmestrahler 35 °C, nur im Sommer im pflanzenreichen Gartenteich mit Ausstiegshilfe

Temperatur: Wasser und Luft 26 – 28 °C

Winterruhe: keine

Tropfenschildkröte
(*Clemmys guttata*)

Herkunft: Osten und Nordosten der USA, von Florida bis Michigan und Ontario. Lebt in kleinen, sumpfigen Wiesengewässern und langsam fließenden Flüssen.

Größe: bis 12 cm

Merkmale: die Männchen haben braune, rötliche Augen, Weibchen gelbe Augen

Futter: überwiegend Fleischkost

Lebensweise: tagaktiv, wenn das Wasser warm genug ist; lebt häufig untergetaucht, bei kälterem Wasser oft ein Sonnenbad

Haltung: Aquarium und Freianlage (130 x 70 x 70 cm), jedoch im Gartenteich nur an heißen Sommertagen von Juni – August, wenn die Schildkröte außerhalb des Wassers eine Körpertemperatur von 36 °C erreichen kann

Temperatur: Wasser 22 – 27 °C, Luft 22 – 28 °C

Winterruhe: ja

Malayische Dornschildkröte
(*Cyclemys tscheponenis*)

Herkunft: Indien, Vietnam, Süd-China, Indonesien, Philippinen. Lebt in Tümpeln, Sümpfen, überschwemmten Gebieten und Waldregionen.

Größe: 25 cm

Merkmale: flacher, dunkelbrauner Rückenpanzer mit Rückenkiel, Kopf dunkelbraun, bräunlich orangefarbene Längsstreifen am Hals

Futter: Fleischkost, gelegentlich, Wasserpflanzen, Salat

Lebensweise: tagaktiv, lebhaft, stark ans Wasser gebunden; vergräbt sich gern an Land

Verträglichkeit: Gruppenhaltung möglich

Haltung: Aquaterrarium (130 x 70 x 70 cm) mit größerem Landteil (feuchtes Substrat) und Wärmestrahler 35 °C, von Mai – September im pflanzenreichen Gartenteich mit Ausstiegshilfe

Temperatur: Wasser und Luft 25 – 28 °C

Winterruhe: keine

Ähnlich zu pflegen: Malayische Dornschildkröte (*Cyclemys dentata*)

Überlegungen vor dem Kauf

Für wen sind Schildkröten geeignet?

Obwohl Schildkröten alles andere als phlegmatische Langweiler sind, dürfen sie in keinem Fall als Spielkameraden betrachtet werden. Dafür lassen sie sich aber wunderbar beobachten. Bei artgerechter Pflege, das bedeutet in jedem Fall ein großes Aquaterrarium oder Terrarium, entwickeln sie sich prächtig und können sehr alt werden. Je nach Art benötigen Schildkröten aber auch die Möglichkeit, im Sommer im Freilandgehege zu leben.

Schildkröten sind eine empfindliche Spezies. Daher eigenen sie sich für jüngere Kinder nur dann, wenn diese schon ein wenig Verantwortungsbewusstsein zeigen und die Eltern ebenfalls Interesse an diesen Tieren haben. Zumal auf Schildkröten viel Rücksicht genommen werden muss: Sie werden krank oder sterben im schlimmsten Fall, wenn Stress nicht vermieden wird. Stress für eine Schildkröte bedeutet, herumgetragen, herausgenommen, gestreichelt oder erschreckt werden durch Herumtoben. Darüber hinaus sind einige Schildkrötenarten so speziell, dass nur Schildkrötenhalter mit langjähriger Erfahrung wissen, wie sie ihre gepanzerten Mitbewohner richtig behandeln.

Vergessen Sie bitte eins nicht: Schildkröten sind keine attraktive Dekoration im Wohnzimmer. Schildkröten brauchen sehr viel Pflege, damit sie gesund bleiben. Den verantwortungsvollen Umgang mit den empfindlichen und empfindsamen Schildkröten können ältere Kinder allerdings schnell lernen, wenn sie bei der Pflege – Terrarium gründlich sauber halten, regelmäßig Füttern – mit einbezogen werden. Aber auch Kinder ab zehn Jahren können, nur mit Unterstützung der Eltern, einer Schildkröte ein neues Zuhause geben. Wenn Kinder gerne Tiere beobachten, sind Wasserschildkröten das ideale Haustier.

Da Schildkröten leicht gestresst werden, sollte man die Tiere nicht zu oft in die Hand nehmen.

Auch wenn die Tiere beim Züchter in der Außenanlage gehalten werden, ist eine korrekte Beschriftung am Gehege ein Zeichen für gute Haltung.

Auswahl der richtigen Bezugsquelle

Bei der Wahl, wo Sie Ihren neuen Hausbewohner kaufen, muss man gerade bei den empfindlichen Tieren sehr vorsichtig sein. Auf jeden Fall können Sie den DGHT e. V. (Deutsche Gesellschaft für Herpetologie und Terrarienkunde) anrufen – hier erfahren Sie, wo in Ihrer Nähe ein vertrauenswürdiger Züchter wohnt. Wenn Sie Ihre Schildkröte allerdings im Zoofachhandel kaufen wollen, dann achten Sie auf folgende Dinge:

- Der Laden muss einen sauberen, ordentlichen Eindruck machen.
- Starker Geruch deutet auf unzureichende Pflege hin (Kot und vergammelte Essensreste).
- Die Terrarien müssen ordnungsgemäß beschriftet sein (wie im Zoo). Auf der Beschriftung müssen Namen (*lateinisch* und deutsch), Herkunft, Größe, Futter vermerkt sein.

Hohes Lebensalter

Das ist ein weiterer Punkt, der bei der Anschaffung einer Schildkröte genau bedacht werden sollte. Denn das Lebensalter einer Schildkröte kann bei artgerechter Haltung und guter Pflege durchaus 30 Jahre oder gar mehr erreichen. Darüber hinaus können Jungschildkröten innerhalb weniger Jahre erheblich an Größe und Gewicht zunehmen. Es kann sein, dass dann das Aquaterrarium vergrößert werden muss. Vergessen Sie bitte nicht, dass es trotz intensiver Betreuung passieren kann, dass Ihre Schildkröte krank wird. Dann kommen Tierarztkosten auf Sie zu, meist müssen Sie sogar zu einem Spezialisten.

Schildkröten wie diese Gelbrand-Scharnierschildkröte können sehr alt werden, bedenken Sie diesen Umstand beim Kauf Ihres neuen Haustieres.

Wie ist die Rechtslage?

Viele Schildkrötenarten sind vom Aussterben bedroht und stehen unter dem Artenschutzgesetz. Daher sollten Sie nur Tiere aus legalen Nachzuchten kaufen. Bitte beachten Sie vor dem Kauf das Washingtoner Artenschutzabkommen in der Europäischen Union. Die EU-Verordnung hat unter anderem Listen mit schutzbedürftigen Arten zusammengestellt, allein 85 Arten von Land- und Wasserschildkröten stehen auf der Liste für bedrohte Tiere. So gibt es zum Beispiel für die Rotwangen-Schmuckschildkröte (*Trachemys scripta elegans*) ein EU-weites Importverbot. Einer der Gründe: Die Rotwangen-Schmuckschildkröte ist eine ökologische Gefahr für Tierarten, die in Deutschland in freier Wildbahn leben.

Daher setzen Sie niemals eine Schildkröte einfach aus! Damit machen Sie sich strafbar, zumal es laut Tier- und Naturschutzgesetz damit zu einer sogenannten Fauna-Verfälschung kommen kann. Und bitte bringen Sie niemals eine Schildkröte aus dem Urlaub mit! Das ist verboten und kann mit einer empfindlichen Geldbuße bestraft werden.

Auflagen des Artenschutzgesetzes

Der Besitz und die Vermarktung der schwarzen Schnappschildkröte (*Chslydra serpentina*) ist in Deutschland verboten.

Die Einfuhr von Rotwangen-Schmuckschildkröten ist genehmigungspflichtig. Die Genehmigung erteilt das Bundesamt für Naturschutz.

Der Besitz der Zierschildkröte (*Chrysemys picta*) ist meldepflichtig. Ebenfalls, wenn Tiere sterben oder sich der Bestand durch Züchtung vergrößert. Außerdem kann die Landesbehörde den rechtmäßigen Erwerbsnachweis verlangen. Daher unbedingt alle notwendigen Papiere beim Kauf verlangen und sorgfältig aufbewahren. Das Gleiche gilt auch für die Amboina-Scharnierschildkröte (*Cuora amboinensis*).

Die schwarze Schnappschildkröte darf in Deutschland weder erworben noch vermarktet werden.

Welche Schildkröte passt zu mir?

Wenn Sie wissen wollen, ob und welche Schildkröte zu Ihnen passt, informieren Sie sich anhand von Zeitschriften, bei Züchtern, Händlern, im Internet oder bei der Deutschen Gesellschaft für Herpetologie und Terrarienkunde (DGHT) e. V.

Wie bei allen anderen Tieren so gibt es auch bei Schildkröten viele unterschiedliche Arten mit unterschiedlichen Ansprüchen an ihr Zuhause. Die einen sind mehr tagaktiv, begeisterte Schwimmer oder Sonnenanbeter, andere eher neugierige Landgänger, die sich gerne eingraben, wiederum andere brauchen im Sommer die Möglichkeit im Gartenteich zu leben. Die Haltung von Wasserschildkröten ist also nicht ganz unkompliziert. Lassen Sie sich vor dem Kauf einer Schildkröte genau beraten und machen Sie sich vertraut mit den Lebensgewohnheiten. Als Anfänger sollten Sie sich keine schwierigen Tiere kaufen. Am besten eignen sich Moschus- und Zierschildkröten.

Die Zierschildkröte (oben) ist eine robustere Schildi, eignet sich daher für Anfänger. Auch die Moschusschildkröte (rechts) ist für Anfänger geeignet.

Unterscheidungsmerkmale

An den Hinterfüßen können Sie erkennen, ob es sich um eine an Land lebende Schildkröte handelt oder ob ihr Element das Wasser ist. Landlebende Schildkröten haben paddelförmige Füße mit Krallen und mäßig ausgebildeten Schwimmhäuten. Die Panzerform kann flach bis hoch sein. Dagegen haben Wasserschildkröten einen deutlich flacheren Panzer und stark ausgebildete Schwimmhäute.

Doch es gibt noch mehr zu entscheiden. So sollten Sie wissen, dass Sumpf- beziehungsweise Wasserschildkröten von Natur aus Einzelgänger sind. Was aber nicht bedeutet, dass Sie nur eine Schildkröte in Ihrem Terrarium haben dürfen. Doch sollten Sie sich für zwei oder gar mehr Schildkröten entscheiden, bedenken Sie: Je mehr Schildkröten, desto größer muss das Terrarium sein. Damit genug Platz zum Rückzug und gegebenenfalls zur Eiablage vorhanden ist.

Männchen sind übrigens immer aufdringlich bis aggressiv. Um das / die Weibchen davor zu schützen, sollten die Schildkröten möglichst nach Geschlechtern getrennt oder aber nur ein Männchen mit zwei oder mehr Weibchen in einem Terrarium gehalten werden. Vermeiden Sie es, mehrere Männchen zusammen zu halten. Es kann zu Machtkämpfen kommen, die im schlimmsten Fall zum Tod eines Tieres führen können.

Man kann an den Schwimmhäuten deutlich erkennen, dass es sich um eine Wasserschildkröte handelt.

Der hohe Panzer der Amboina-Scharnierschildkröte zeigt, dass es sich um eine Sumpfschildkröte handelt. Sie ist eine schlechte Schwimmerin.

Die Falsche Landkarten-Höckerschildkröte ist wie eigentlich alle Schildkröten ein Einzelgänger.

Die Drohgebärde eines aggressiven Moschusmännchens.

Geschlechtsunterschiede

Die Geschlechtsmerkmale bei einer Schildkröte zu erkennen, ist besonders bei Jungtieren nicht möglich, erst ab dem dritten Jahr. Bei etwas älteren Tieren jedoch ist es kein Problem. Denn Schildkröten haben nur eine Körperöffnung an der Schwanzunterseite. Diese ist Verdauungs-, Harn- und Geschlechtsorgan in einem. Bei den Männchen ist der Schwanz im Ansatz meist kräftiger und deutlich länger. Weibchen dagegen haben einen flacheren Bauchpanzer und einen kürzeren Schwanz.

Es gibt allerdings auch sogenannte „Pseudo-Männchen". Das bedeutet: Sind zu viele männliche Schildkröten im Terrarium oder im Teich, tarnen sich jüngere Männchen als Weibchen. Der Grund: Selbstschutz, damit sie von den erwachsenen Schildkrötenmännchen nicht attackiert werden. Wird dann eines der Männchen entfernt, wächst der Schwanz plötzlich nach und aus dem Weibchen ist dann ein Männchen geworden.

Der kleine Unterschied zwischen Männchen und Weibchen bei der Rotbauch-Spitzkopfschildkkröte: links das männliche, rechts das weibliche Tier.

Links die männliche, rechts die weibliche Rotbauch-Spitzkopfschildkröte.

Gesundheitscheckliste für den Kauf

Sie haben sich für eine Schildkröte entschieden. Prima! Erkundigen Sie sich vor dem Kauf, ob es sich um eine geschützte Schildkröte handelt und ob der Kauf legal ist. Egal, ob Sie die Schildkröte bei einem erfahrenen Züchter oder im Zoofachhandel kaufen wollen: Bitte vergessen Sie nicht die Gesundheitscheckliste für Ihren zukünftigen Mitbewohner gewissenhaft zu prüfen. Und vor allem lassen Sie sich Zeit bei der Wahl Ihrer Schildkröte! Lassen Sie sich nicht vom Verkäufer bedrängen. Beobachten Sie die Schildkröten! Entscheiden Sie sich nie aus Mitleid für eine teilnahmslose Schildkröte – sie ist möglicherweise krank. Wählen Sie stattdessen eine möglichst lebhafte, die gut frisst. Wichtig: Kaufen Sie nie eine Schildkröte, die gerade erst aus der Winterruhe aufgewacht ist. Es kann sein, dass sie nicht ganz gesund ist. Schildkrötenarten, die Winterruhe halten, sollten Sie nicht vor Mai und nicht später als September kaufen. Schildkröten, die keine Winterruhe einlegen, weil sie aus tropischen Gebieten stammen, können zu jeder Jahreszeit gekauft werden. Erwerben Sie sie im Winter, dann achten Sie unbedingt darauf, dass die zugempfindliche Schildkröte warm transportiert wird.

Wenn Sie **Ihre neue Schildkröte kaufen, nehmen Sie die Gesundheitscheckliste mit und beobachten Sie die Tiere genau.**

Diese Zierschildkröte schaut lebendig umher, eines der Merkmale, dass das Tier gesund ist.

Aha!

Darauf sollten Sie achten

- **Bewegt sich die Schildkröte normal?** Keine Schieflage beim Schwimmen und Tauchen.
- **Ist sie vital?** Sie ist lebhaft, wehrt sich beim Hochheben. Liegt sie auf dem Rücken, dreht sie sich ohne Hilfe schnell wieder um.
- **Wie ist der Panzer?** Er muss fest und glatt sein, bei Jungtieren ist der hintere Teil elastisch. Die Hornplatten sind fest und unversehrt.
- **Hat sie Verletzungen,** wie tiefe Schnitte oder Risse am Bauch und an den Seiten?
- **Wie ist die Haut?** Sie darf nicht borkig und fleckig sein.
- **Leidet sie an Ungeziefer** wie Zecken, Milben oder hat sie Egel?
- **Wie sind die Augen?** Sie sollten geöffnet sein, glänzen und ohne Sekret sein.
- **Wie ist die Nase?** Sie sollte frei von Sekret sein, die Atmung darf nicht zu hören sein.

Meine Schildkröte und andere Haustiere

Schildkröten haben auf den ersten Blick nichts zu befürchten: Wenn Gefahr droht, ziehen sie sich in ihren Panzer zurück oder lassen sich ins Wasser fallen. Wenn es hart auf hart kommt, können sie sich auch durch beißen verteidigen. Doch bei größeren Säugetieren wie Hund oder Katze kann die Situation in echten Stress für die Schildkröte ausarten. Wenn nämlich Ihr Hund die Schildkröte als Spielzeug einordnet oder gar als Kauknochen, den er prima spazieren tragen kann. Auch wenn der Panzer ein guter Schutz ist: Beißt der Hund kräftig zu, kann es schnell zu Verletzungen wie Quetschungen kommen. Oder Ihre Katze verschlingt die kleine Schildkröte zum Frühstück. Auch kleine oder größere Vögel können durch ihr herumfliegen die Schildkröte erschrecken. Lassen Sie also Ihre Haustiere nie aus den Augen, wenn sie sich in der Nähe der Schildkröte befinden.

Bei Gefahr ziehen sich Schildkröten in ihren Panzer zurück.

Eingewöhnung

Transport

Wenn der Weg nach Hause nicht länger als eine Stunde dauert, können Sie Ihre Schildkröte im trockenen Behälter nach Hause bringen. Wird sie in einem Gefäß mit Wasser transportiert, besteht die Gefahr des Ertrinkens. Vermeiden Sie unbedingt den Kontakt mit Kälte, Regen oder Sonne.

Für einen kurzen Transportweg kann die Schildkröte auch in einem groben Leinenstoffbeutel untergebracht werden. Wenn es eine Holz-, Pappe- oder Plastikkiste ist, sollten Sie sie unbedingt mit Schaumgummi polstern. Kaufen Sie die Schildkröte im Winter, denken Sie bitte an Folgendes: Nur ein paar Atemzüge eisiger Luft können die Schildkröte todkrank machen. Also, legen Sie eine mit etwa 30 °C warmen Wasser gefüllte Wärmflasche in einen Schuhkarton. Die Schildkröte in ihrem Leinensack (Nähte nach Außen, damit sie sich nicht in den Fäden verheddert) setzen Sie auf die Wärmflasche. Den geschlossenen Karton in eine Decke wickeln. Jetzt kann die Schildkröte etwa eine Stunde durch die Kälte transportiert werden, ohne dass ihr etwas geschieht. Am besten eignen sich im Winter Styroporboxen mit Luftlöchern.

Falsch: Niemals eine Schildkröte auf die flache Hand setzen. Sie könnte herunterfallen und sich dabei schwer verletzen.

Richtiges Anfassen

Das Terrarium ist fertig. Nun fehlt nur noch die neue Bewohnerin. Lassen Sie sich vom Händler zeigen, wie Sie die Schildkröte anfassen.

!!!

Nie mit schnellen Bewegungen zugreifen

Das versetzt die Schildkröte in Panik. Ist die Schildkröte eher beißfreudig, fassen Sie sie am hinteren Panzerdrittel. Ruhige Schildkröten können mit beiden Händen hochgenommen werden, wobei die Finger den Panzer seitlich umschließen, die Daumen am Rücken, die anderen Finger am Bauch. Halten Sie die Schildkröte nie auf der flachen Hand. Sie könnte abstürzen.

Am besten halten Sie die Schildkröte immer mit beiden Händen. So können Sie auch den Panzer der Schildkröte testen.

Quarantäne muss sein

Auch wenn Sie die Schildkröte von einem Züchter oder in einem Zoofachhandel gekauft haben, können Sie nicht ausschließen, dass sie krank ist. Daher muss sie auf jeden Fall zunächst in Quarantäne – das entsprechende Terrarium besteht aus Glas oder Kunststoff und ist minimal ausgestattet. Die spartanische Ausstattung erleichtert das Sauberhalten. Denn die Quarantäne muss im Schnitt mindestens zwei bis drei Monate eingehalten werden, erfahrene Züchter raten sogar zu zwei Jahren. Gleich zu Beginn der Quarantäne müssen an drei aufeinander folgenden Tagen Kotproben vom Tierarzt untersucht und ausgewertet werden. Erst wenn klar ist, dass Ihre Schildkröte weder von Würmern befallen ist, noch an einer Infektion leidet, darf sie in ihr neues Heim. Vor der Quarantäne gönnen Sie ihr ein etwa 20-Minuten-Bad im 26 °C warmen Wasser.

In solch einem Quarantäneterrarium sollte das neue Haustier zwei bis drei Monate bleiben.

Haltung

Unterbringung

Unabhängig, für welche Schildkrötenart Sie sich entscheiden: Die artgerechte Unterbringung setzt in jedem Fall ein Terrarium bzw. Aquaterrarium mit hoher technischer Ausstattung voraus. Denn damit die Schildkröte wächst, gedeiht und gesund bleibt, braucht sie viel Platz und vor allem Licht. Einige Arten wollen viel schwimmen, andere weniger. Zu einem gut ausgestatteten, wasserdichten Terrarium gehört in jedem Fall ein Abenteuerspielplatz und ein großes Wasserbecken – Wasserschildkröten lieben es zu schwimmen und zu tauchen. Experten empfehlen daher, gleich ein Aquarium zu kaufen (ich spreche im Folgenden vom Aquaterrarium). Sumpfschildkröten brauchen nicht nur Wasser, sie benötigen ebenso einen Landteil, wo sie sich aufhalten können.

In einem Aquaterrarium für Wasserschildkröten muss auch ein Trockenplatz angelegt werden.

Ausstattung

Wie Sie die neue Unterkunft gestalten, hängt von den Bedürfnissen Ihrer Schildkröte ab. Schwimmt sie gerne, braucht sie ein relativ großes Becken; klettert sie gerne unter Wasser, braucht sie Kletterhilfen wie Steine, Wurzeln, Taue. Haben Sie sich eine Sumpfschildkröte gekauft, achten Sie bitte bei der Gestaltung des neuen Heims darauf, dass mindestens 50% der Grundfläche Land sein muss. Optimal ist ein klimatisiertes Aquaterrarium mit vielen Verstecken. Künstliche Strahlungswärme ist deswegen lebensnotwendig, weil Reptilien nicht in der Lage sind, ihre Körpertemperatur selber zu regeln. Folglich müssen Luft- und Wassertemperatur genauso wie Luft- und Bodenfeuchtigkeit den natürlichen Anforderungen entsprechen, also von außen reguliert werden. Achten Sie unbedingt darauf, dass sich die Schildkröte nicht an Strahlern, Ansaugpumpen von Filtern oder ähnlichem Zubehör verletzen kann.

Die Schildkröten wie die Tropfenschildkröte (*Clemmys guttata*) benötigen nicht nur Wasser, auch die Bepflanzung ist wichtig für das Wohlergehen der Tiere.

Standort

Für den optimalen Standort gibt es verschiedene Kriterien, damit sich die Schildkröte wohlfühlt. Hell sollte es sein. Perfekter Standorte ist ein lichtdurchflutetes Zimmer oder ein Platz unter dem Glasdach in einem Wintergarten. Doch Achtung im Sommer, kann der Wintergarten zur Todesfalle für Ihre Wasserschildkröte werden. Wollen Sie das Terrarium dort stehen lassen, dann nur, wenn für Belüftung und ausreichende Beschattung gesorgt ist. Niemals das Terrarium direkt ans Fenster stellen, die Fensterscheiben wirken wie ein Brennglas. Ist nur ein dunkler Raum vorhanden, muss in jedem Fall durch künstliches Licht der Tages- bzw. Jahresrhythmus simuliert werden.
Ruhig sollte es sein. Stellen Sie das Aquaterrarium niemals neben Kühlschrank, Spülmaschine, Fernseher, die Stereoanlage oder gar ein Musikinstrument! Diese Geräusche bedeuten Stress für die Schildkröte, können sie krank machen oder im schlimmsten Fall gar töten. Denn Schwingungen jeglicher Art werden in das Aquaterrarium übertragen.

Keine Zugluft. Ein Aquaterrarium gehört nicht in die Nähe von Fenstern oder Türen. Auch der Fußboden ist ungeeignet. Bewegungen von oben versetzen die Schildkröte in Panik. Am besten steht das Aquaterrarium in Augenhöhe.

Eine gepflegte Außenanlage ist wichtig für das Gedeihen und die Gesundheit der Schildkröten.

!!!

Bedenken Sie, dass große und schwere Terrarien einen stabilen Untergrund benötigen!

Freianlage im Garten

Um Ihrer Schildkröte Abwechselung zu gönnen, können Sie sie im Sommer – zwischen Juni und August – draußen halten. Bevor Sie Ihren gepanzerten Freund allerdings in die Freiheit entlassen, sollten Sie einige Dinge bedenken.
Der optimale Standort Ihres Teiches ist an einem voll sonnigen Platz! Die Mindestgröße des Teichs sollte 0,5 Quadratmeter pro Tier betragen. Um die schnelle Verschmutzung des Gartenteiches zu verhindern, sollte er mindestens 300 Liter Fassungsvermögen haben. In den Teich sollte ein dicker Baumstamm hineinreichen. So kann Ihre Schildkröte bequem ins und aus dem Wasser klettern. Den Teich sollten lediglich Schilf- und Rohrkolben umwachsen. Alles andere wird Ihre Schildkröte fressen. Kleine Fische, Molche und Insektenlarven etwa von Libellen, sind ebenfalls nicht vor dem Appetit Ihrer Schildkröte sicher.

Allerdings können Sie die Schildkröte nicht einfach so in den Garten setzen. Denn dann läuft Sie Ihnen mit Sicherheit davon. Begrenzen Sie den Teich so, dass die Schildkröte unter keinen Umständen entwischen kann. Geeignet sind Holzpalisaden, die eingegraben werden, ebenso Beton- oder Rasenkantensteine, glatte Platten aus Naturstein. Die Höhe der Umrandung ergibt sich aus der Größe Ihrer Schildkröte: Beim Aufrichten darf sie mit ihren Vorderkrallen die Oberkante nicht erreichen. Im Durchschnitt reichen 50 bis 60 cm, wobei die Begrenzung mindestens 20 bis 30 cm tief eingegraben werden muss. Sonst besteht die Gefahr, dass sich Ihre Schildkröte auf die andere Seite buddelt. Ein Maschendrahtzaun macht keinen Sinn: Ihre Schildkröte könnte das als Einladung zum Klettern missverstehen oder sich daran verletzen.

Die Mississippi Höckerschildkröte hat ein Plätzchen zum Sonnen und Wasser zum Schwimmen.

Hier balgen sich zwei Schildis um den besten Platz an der Sonne.

Bedenken Sie bitte: Jungtiere bzw. kleine Schildkröten unter 10 cm Panzerlänge sind ein gefundenes Fressen für Ratten, Marder, Katzen, Waschbären, Krähen oder Elstern. Schützen Sie Ihren Winzling: Spannen Sie ein Netz oder Drahtgeflecht mit einer kleinen Maschenweite über die Anlage.

Zusätzlich können Sie auch ein sogenanntes Frühbeet einarbeiten. Dieses Glashaus gibt es als Bausatz in Baumärkten.
Achten Sie darauf, dass die Belüftungsklappe funktioniert, und installieren Sie für kalte Tage eine Glühbirne (60 bis 80 Watt), die von der Decke hängt.

Eine Teichanlage muss so abgesichert sein, dass kein Tier entweichen kann.

Bei kaltem Wetter muss über einem Aquaterrarium, wenn es draußen steht, eine Glühbirne angebracht werden. Sie sorgt für die notwendige Wärme.

Ein Sonnenbad auf der Terrasse genießt diese Australische Schlangenhalsschildkröte.

Sonnenbad auf Balkon oder Terrasse

Sie haben keinen Garten? Kein Problem. Ihre Schildkröte kann trotzdem den Sommer im Freien genießen. Voraussetzung dafür ist allerdings, dass Ihr Balkon oder Ihre Terrasse windgeschützt ist und mindestens zwei bis drei Stunden täglich von der Sonne beschienen wird. Fertigen Sie eine 1,60 bis 2 m lange Kiste, etwa 60 cm hoch, die bis zur Unterkante des Balkongeländers reicht. Wichtig: Die Kiste sollte vorne etwa 15 cm tiefer sein als hinten und einen Deckel haben. Der sollte aus einer Plexiglasscheibe bestehen. Der Deckel liegt schräg genug auf, dass die Sonnenstrahlen eingefangen werden können. Außerdem kann Regen besser ablaufen. Allerdings darf der Deckel die Kiste nicht Luftdicht verschließen. Schließlich braucht Ihre Schildkröte Sauerstoff. Um die Durchlüftung zu sicher, können Sie kleine Holzstücke unter den Deckel klemmen.

Die Kiste selber schlagen Sie mit Teichfolie aus und legen dann quasi einen Mini-Gartenteich an.

Und so geht's: Füllen Sie die Kiste mit 10 bis 12 cm Blähton auf. Als Teich dienen kleine Mörtelbecher oder Ähnliches. Weiter mit Blähton auffüllen, anschließend Gartenerde bis zum Teichrand. Dann dekorieren Sie die Schildkrötenlandschaft wie es Ihnen gefällt. Fertig ist das Freigehege für die Stadtwohnung.

Wichtig: Der „Teich" sollte etwa 30 bis 35 cm unterhalb des Kistenrandes enden, damit die Schildkröte nicht herauskrabbeln kann.

Pflege

Welche Pflege braucht meine Schildkröte?

Schildkröten sind pflegeintensiv, damit sie gesund bleiben und sich gut entwickeln. Hygiene wird groß geschrieben. Dazu gehört eine regelmäßige Gesundheitskontrolle und natürlich muss das Aquaterrarium sauber sein. Weil Schildkröten das Wasser, in dem sie schwimmen und tauchen, auch trinken, muss es immer frisch sein. Auch wenn es einen Filter gibt: Er schafft es nicht, das Wasser perfekt zu filtern. Weil aber Stoffe wie Nitrite und Nitrate in hoher Konzentration giftig sind, müssen Wasser und Filter regelmäßig sauber gemacht werden.

Panzertest bei einer Rotbauch-Spitzkopfschildkröte.

Dieser Schildifan horcht auf die Lungengeräusche. Ist der Atem nicht mehr gleichmäßig, sondern raschelnd oder röchelnd, müssen Sie sofort den Tierarzt aufsuchen.

Bei Sumpfschildkröten reicht es, Kot und Urin aus dem Terrarium zu entfernen und das Badebecken sauber zu machen und mit frischem Wasser zu füllen. Bei Wasserschildkröten in kleinen Aquarien muss das Wasser täglich gewechselt werden, bei großen Aquarien reicht das auch ein Mal pro Woche.

Jede Schildkröte braucht es warm und liebt die Sonne. Denn nur bei der richtigen Temperatur wird sie aktiv, frisst, kann gut verdauen und gesund wachsen. Eine gute Verdauung wird bei Temperaturen von 28 bis 35 °C erreicht. Halten Sie Ihre Schildkröte nur in der Wohnung, sorgen Sie für regelmäßig ungefiltertes Sonnenlicht. Damit wird Vitamin D im Schildkrötenkörper aktiviert. Dieses Vitamin ist notwendig für einen gesunden Panzer und die Knochenbildung. Bekommen Schildkröten zu wenig Licht, verkümmern sie.

Pflegeutensilien

Einige Pflegeutensilien sollten Sie im Haus haben. Wenn Sie es sich zutrauen, können Sie Ihrer Schildkröte mit Hilfe einer speziellen Zange auch die Krallen selbst kürzen. Aber lassen Sie sich das vorher vom Tierarzt zeigen. Haben Sie eine Schildkröte, die sich in erster Linie draußen aufhält, kann sie sich Parasiten einfangen.

Mit einer Zeckenzange werden die Parasiten vorsichtig vom Panzer entfernt. Als Anfänger lassen Sie sich diese Prozedur am besten einmal von einem Tierarzt zeigen.

Alte Hornplatten müssen vorsichtig entfernt werden.

Als Anfänger sollten Sie sich erst einmal nur ein Tier halten. Hier schwimmt eine Amboina-Scharnierschildkröte zufrieden in ihrem Reich.

Eine oder besser gleich mehrere Schildkröten?

Ob Sie nun eine oder mehrere Schildkröten halten wollen, hängt in erster Linie von Ihrem Engagement ab. Anfängern rate ich allerdings, sich erst einmal mit einer einzigen Schildkröte auseinanderzusetzen. Denn natürlich bedeuten mehrere Schildkröten einen größeren Zeitaufwand und höhere Kosten. Ob Einzel- oder Gruppenhaltung möglich ist, erfahren Sie vom Fachmann.
Die Erfahrung hat gezeigt, dass mehrere Männchen in einem Aquaterrarium sich auf Dauer nicht vertragen. Ein Männchen mit mehreren Weibchen ist dagegen kein Problem. Auch mehrere Weibchen in einer Anlage unterzubringen ist problemlos. Sorgen Sie also für eine entsprechend große Anlage, damit jede Schildkröte ihr eigenes Revier hat.

Die Winterruhe

In der Natur bedeutet Winter, dass kaum noch Futter zu finden ist. Um diese Zeit ohne Schaden zu überdauern, halten auch Schildkröten Winterruhe. Während dieser Zeit reduzieren sich Herzschlag, Atmung und Bewegung. Der gesamte Organismus „schläft". Nur so ist es möglich, dass Schildkröten die kalten Monate unbeschadet überstehen.
Um gesund zu bleiben brauchen Schildkröten in der Obhut von Menschen ebenfalls ihre Winterruhe. Dass Ihre Schildkröte Winterschlaf halten will, erkennen Sie leicht an ihrem Verhalten. Ihre Schildkröte kotet mehr als sonst, um ihren Darm zu entleeren, ihre Bewegungen sind träge, sie schwimmt nicht, frisst weniger oder gar nichts mehr. Häufig versteckt sie ihren Kopf und verkriecht sich in die dunkelste Ecke des Aquaterrariums.

Wenn die Schlangenhals-Schildkröte sich verkriecht und ihren Kopf in eine dunkle Ecke steckt, ist dies ein Zeichen für die beginnende Winterruhe.

Eine gesunde Schildkröte soll schon ab dem ersten Lebensjahr Winterruhe halten – allerdings nicht länger als acht Wochen. Weibchen dürfen keine Eier mehr im Bauch haben. Kranke Schildkröten können während der Winterruhe Stoffwechselprobleme bekommen. Also, erst gesund werden lassen, bzw. auf das richtige Gewicht bringen, bevor sie Winterruhe halten dürfen. Dann setzen Sie Ihre Mitbewohner in einer Glasschale mit Wasser in den Kühlschrank. Für die großen wie die kleinen gilt: Kontrollieren Sie die Schildkröten, ob sie sich normal verhalten.

Und machen Sie gleichzeitig einen Wasserwechsel. Nimmt sie in dieser Zeit insgesamt mehr als 10 % Gewicht ab, ist sie wahrscheinlich krank, muss aufgeweckt werden und zum Tierarzt. In der Regel dauert die Winterruhe vier bis sechs Monate. Beste Überwinterungstemperatur im Kühlschrank liegt bei 5 bis 8 °C, die Temperatur darf 2 bis 3 °C nicht unterschreiten.

Und so funktioniert das Einwintern: Acht Tage vorher die Schildkröte nicht mehr füttern. Der Wasserstand im Überwinterungsquartier darf nur wenige Zentimeter hoch sein, sodass die Schildkröte mit vorgerecktem Kopf Luft holen kann. Die Wassertemperatur sollte zwischen 5 bis 8 °C liegen, nicht wärmer, da die Schildkröte sonst aus der Winterruhe erwacht. Alle fünf bis sechs Wochen gibt es frisches Wasser. Es sei denn, es ist gelblich verfärbt oder eine weißliche Haut ist auf der Wasseroberfläche zu sehen ist. Dann wechseln sie das Wasser sofort.

Auswintern geschieht, indem Sie im Frühjahr die Temperatur auf 20 °C erhöhen und auch die Beleuchtungsdauer verlängern. Nach etwa zwei Wochen wiegen Sie Ihre Schildkröte. Wenn alles in Ordnung ist, darf die Schildkröte in das ebenfalls 20 °C warme Wasser ihres Aquaterrariums zurück. Nach ein paar Tagen ist die Winterruhe vergessen und die Schildkröte beginnt wieder ihren alten Appetit zu entwickeln und aktiv zu werden.

Aha!

Übrigens: Als Notquartier zur Winterruhe dient das Gemüsefach Ihres Kühlschranks. Dafür bitte die Scheibe über dem Gemüsefach mit einer lichtundurchlässigen Folie abkleben. Ein zusätzliches Versteck ist nicht notwendig. Die Wasserhöhe im Gemüsefach ist die gleiche wie im normalen Winterquartier.

Auch das Wiegen während des Winterschlafes gehört zur Pflege der Schildkröten. Es zeigt, ob die Schildis gesund sind.

Ein erprobter Pflegeplan

Damit es Ihrer Schildkröte rundherum gut geht, sind viele Arbeitsschritte notwendig. Einige müssen täglich, andere nur alle paar Wochen ausgeführt werden. Halten Sie sich an den Pflegeplan. Ihre Schildkröte wird es Ihnen danken – und das nicht nur mit vor Gesundheit glänzenden Augen.

Info

Täglich:

- Das Klima im Terrarium kontrollieren
- Für ausreichend UV-Licht sorgen
- Gesundheitskontrolle (geschieht durch Beobachten der Schildkröte)

Alle zwei bis drei Tage:

- Füttern
- Restfutter aus dem Terrarium
- In größere Aquarien Frischwasser

Alle zehn bis 14 Tage:

- Gesundheitscheck u. a. durch Beobachten
- Komplett frisches Wasser bei schwimmfreudiger Schildkröte; dabei Aquarium / Aquaterrarium, Steine, Unterschlupf, Ausstieg nur mit warmem Wasser (keine Reinigungsmittel!) gründlich säubern
- Technik wie Licht, Kabel, Pumpen, Filter, Schrauben etc. überprüfen

Alle vier bis acht Wochen:

- Sobald der Erdgeruch im Terrarium verschwindet und ein unangenehmer Geruch überwiegt, das gesamte Bodensubstrat erneuern
- Gleichzeitig alles andere auch gründlich nur mit warmem Wasser reinigen

Diese Zierschildkröte ist bereits so zahm, dass sie die Fleischbröckchen aus der Hand frisst.

Schildkröte auf Urlaub?

Natürlich können Sie Ihre Schildkröte nicht mit in den Urlaub nehmen. Aufwand und Stress für die Schildkröte wären zu groß. Aber damit es Ihrer Mitbewohnerin während Ihrer Abwesenheit an nichts mangelt, kümmern Sie sich früh genug um einen zuverlässigen Ersatzpfleger. Denn die regelmäßige Fütterung ist genauso wichtig, damit die Schildkröte gesund bleibt, wie die gründliche Terrariumreinigung. Am besten, Sie reinigen zusammen mit dem Urlaubsbetreuer das Aquarium zur Probe.

Übrigens: Wenn Sie Ihre Schildkröte gerade erst gefüttert haben, können Sie beruhigt über das Wochenende verreisen.

Info

Tipps für den Urlaub

- Gehen Sie mit dem Schildkrötensitter alle Handgriffe durch.
- Notieren Sie genau, wann Ihre Schildkröte was frisst.
- Legen Sie Ersatzgeräte wie Heizstab, Glühbirne, Lampe bereit.
- Erklären Sie mögliche Wartungsarbeiten.
- Notieren Sie die Telefonnummer des zuständigen Tierarztes sowie Ihre eigene. Keine Sorge. Ihre Schildkröte nimmt es Ihnen nicht übel, wenn Sie Urlaub machen. Hauptsache, sie ist gut versorgt.

Nach dem Winterschlaf darf die Gelbkopfschildkröte – wenn alles in Ordnung ist – wieder zurück ins 20 °C warme Aquaterrarium.

Verhalten

So verstehe ich meine Schildkröte

Zwar können Schildkröten nicht sprechen, dennoch ist es uns Menschen möglich, sie durch genaues Beobachten zu verstehen.

- Schildkröten raufen, klettern übereinander, schubsen sich gegenseitig weg. Sie kämpfen um den Platz: **Futterneid.**
- Ein Männchen versucht ohne Pause auf ein anderes Männchen zu steigen: **Er versucht, sich mit dem anderen Tier zu paaren. Trennen Sie die beiden unbedingt.**
- Schildkröten beriechen sich, nicken mit dem Kopf: **Balzverhalten.**
- Schildkröte beißt und stößt: **Aufforderung zur Paarung.**

Diese Gelbrand-Scharnierschildkröte streckt neugierig ihren Kopf in die Luft.

Info

- Schildkröte beißt und reißt das Maul auf: **Imponiergehabe, Drohgebärde. Sie will den Gegner vertreiben, die Rangordnung festigen.**
- Schildkröte gähnt: **Sie ist entweder angespannt oder einfach nur müde.**
- Schildkröte zieht Kopf ein: **Sie hat Angst oder ist schüchtern.**
- Schildkröte zuckt zusammen: **Sie hat sich erschreckt.**
- Schildkröte streckt Kopf und Hals nach oben: **Sie ist neugierig, hat Witterung aufgenommen oder sie sonnt sich.**
- Schildkröte läuft / schwimmt plötzlich weg: **Sie hat was zu fressen gerochen.**
- Schildkröte streckt alle Viere von sich und schließt die Augen: **Sie badet in der Sonne, wärmt sich auf.**
- Schildkröte reagiert auf Bewegung durch schnelles Weglaufen oder Untertauchen: **Sie flieht.**
- Schildkröte kratzt, tritt, beißt, schnappt: **Sie wehrt sich.**
- Schildkröte auf der Hand uriniert / kotet: **Sie hat Stress / Angst durch das Hochheben.**

Ein schwarzes Schnappschildkröten-Männchen besteigt ein anderes Männchen, um es sich gefügig zu machen.

Ernährung und Ernährungsgrundsätze

Vorsichtig nähert sich die Zackenerdschildkröte dem Leckerbissen – einem Regenwurm.

Gesunde Ernährung

Forellenfilets, Krabben, Schnecken könnten jeden Tag auf dem Speiseplan stehen – wenn Schildkröten bestimmen dürften. Doch natürlich wäre solch eiweißhaltige Kost zu einseitig und Ihre Schildkröte würde schnell fett werden. Abgesehen davon, dass eine einseitige Ernährung Mangelerscheinungen hervorruft. Daher gewöhnen Sie Ihre Schildkröte vom ersten Tag an abwechslungsreiches Futter.

Einseitige Ernährung ist ungesund für die Schildis. Hier bekommt eine Gelbkopfschildkröte einen Mehlwurm.

Schildkröten sind in der Regel sogenannte Gemischtköstler. Sie fressen also Pflanzen wie auch Fleisch bzw. Fisch. Ohne Zweifel sind Schildkröten anspruchsvoller, als der Laie glaubt. Mit ein paar Salatblättern ist es nicht getan.

Als Grundnahrung eignen sich kleine Aquarienfische (Guppys), Filetstreifen von Süßwasserfischen (Forelle, Dorsch), Wasserschnecken und mageres Rinderhack (Tartar). Fahren Sie in den Urlaub und wollen Ihrem Sitter nicht zumuten, Fisch und Fleisch zuzubereiten, kann auch Trockenfutter für Katzen gefüttert werden. Zwar enthält Katzenfutter für Schildkröten wichtige Vitamine, Fischfleisch und Kalk, gleichzeitig sind aber auch für Schildkröten schwer verdaulich Fette enthalten. Daher: Finger weg von Katzenfutter als Alleinfutter!

Natürlich freut sich Ihre Wasserschildkröte auch über weiche Kräuter wie Basilikum oder Petersilie, über Ruccola, Latuga-, Feld- und Kopfsalat oder Löwenzahn (gut waschen!), über grüne Erbsen, Brokkoli, Blattspinat,

Immer im Wasser füttern.

Tomaten oder Möhren. Während die Sumpfschildkröte auch gern mal ein Stückchen Obst isst. Also füttern Sie ruhig Apfel, Birne, Banane, Erdbeere oder Himbeere. Schneiden Sie alles in kleine Stücke. Aber nicht zu viel, sonst reagiert die Schildkröte mit Durchfall.

Bitte beachten Sie, dass Bananen, Tomaten oder auch Pfirsiche viel Phosphor enthalten. Die Gefahr von Rachitis (Panzererweichung) besteht, wenn Ihre Schildkröte zu viel Phosphor oder zu wenig Calcium aufnimmt. Durch Zusatz von Kalk (zerriebene Eierschalen oder Kalk in Pulverform aus dem Zoofachhandel) wird die Wirkung von phosphorreicher Nahrung ausgeglichen.

Futterzusätze – ja oder nein?

Für eine gesunde Entwicklung braucht es unbedingt Mineralien und Spurenelemente. Füttern Sie pro Woche zweimal Ergänzungsfuttermittel (CORVIMIN ZVT® oder Davinova®, erhältlich beim Tierarzt).

Als Faustregel gilt: Egal wie groß oder klein Ihre Schildkröte ist, nicht mehr Pulver ins Futter, wie auf einen Streichholzstiel passt.

Zusätzliche Vitamine braucht Ihre Schildkröte nicht, solange sie mit frischem Fleisch (Tartar) und Fisch gefüttert wird. Bitte beachten Sie, dass zu viele Vitamine die Schildkröte krank machen können.

Ein leckeres Stückchen Tomate rundet den Speiseplan ab.

Checkliste fürs Füttern

- Wasserschildkröten nur im Wasser füttern.
- Tagaktive Schildkröten während ihrer Aktivphase, nachtaktive in den Abendstunden füttern.
- Junge Schildkröten jeden Tag füttern, erwachsene Schildkröten zwei Tage pro Woche hungern lassen. Die Schildkröte so lange füttern, bis die erste Gier gestillt ist und sie langsamer frisst. Von da an nur noch 50% der aufgenommenen Menge geben. Nur so viel füttern, wie die Schildkröte binnen zehn Minuten auffrisst.
- Eingefrorenes Futter auftauen, auf Wassertemperatur bringen.
- Pflanzenkost niemals aus dem Kühlschrank, immer bei Zimmertemperatur; spätestens nach einem Tag Futterreste wieder entfernen.
- Futterwechsel langsam vornehmen; unter das bevorzugte Futter immer größere Anteile des neuen Futters mischen.

So füttern Sie Ihre Schildkröte richtig

- **Jungtiere:**
  Täglich einmal füttern; eine Tagesration besteht aus 50 % der Menge, die das Tier maximal pro Mahlzeit fressen könnte. Damit die Knochen gesund wachsen, regelmäßig Kalk, Mineralsalze und vitaminreiche Kost füttern.
- **Halbwüchsige und erwachsene Schildkröten:**
  Alle zwei Tage, bei erwachsenen Schildkröten jeden 2. bis 3. Tag im Wechsel; ebenfalls 50 % der Menge, die die Schildkröte bis zur vollständigen Sättigung braucht; Weibchen, die Eier legen, brauchen für den Aufbau der Eierschalen viel Kalk. Jeweils vier Wochen vor und nach der Eierablage Kalk zufüttern.
- **Bitte beachten Sie:**
  Nur durch regelmäßiges Wiegen wissen Sie, ob Sie ausreichend füttern. Jungtiere sollten alle drei bis vier Wochen, ausgewachsene Schildkröten einmal im Jahr auf die Waage. Nimmt die Schildkröte ab, ist sie entweder krank oder die Futterration ist zu gering.

Wasserschildkröten sollten nur im Wasser gefüttert werden.

Und das dürfen Sie alles füttern

- **Lebendfutter:**
  Fische (Guppys), Heuschrecken, Asseln, Mehlwurmlarven, Regenwürmer, Nacktschnecken, Fliegenlarven, Kleinkrebse
- **Fleisch, Frost- und Trockenfutter:**
  Labormäusebabys, Garnelenschrot, gefrorene Wasserflöhe, Forelle, Truthahnfleisch, Schabefleisch, Herz und Lunge vom Rind
- **Wasserpflanzen:**
  Wasserlinsen, Wasserhyazinthen, Sumpfschraube, Wasserpest
- **Wiesenkräuter:**
  Klee, Ampfer, Wegerich, Löwenzahn
- **Salat:**
  Ruccola, Endivien, Kopfsalat, Feldsalat
- **Obst:**
  Banane, Honigmelone, Birne, Apfel, Beeren

Anatomie

Panzer

Die offensichtlichste Charakteristik einer Schildkröte ist ihr Panzer. Droht Gefahr, zieht sie sich in ihn zurück. Der aus Hautknochenplatten bestehende Panzer ist mit der Wirbelsäule und den Rippen verwachsen und Teil des Skeletts. Einige Schildkrötenarten können ihren Panzer verschließen, wie Dosen- und Klappschildkröten. Das geschieht mit Hilfe eines Scharniers oder Gelenks. Zwar wirkt der Panzer robust, doch er ist durchaus empfindlich. Schon feine Verletzungen wie fast nicht sichtbare Risse im Panzer können zu Entzündungen der Knochenhaut führen. Die Knochenhaut ist mit vielen Blutgefäßen und Nerven ausgestattet und liegt zwischen den Knochenplatten und den Hornschilden. Entzündet sich diese empfindliche Knochenhaut, stirbt das Gewebe ab.

Schnabel

Statt Lippen haben Schildkröten Hornschneiden. Und statt Zähnen haben sie scharfe Kiefernschneiden. Mit ihnen zerkleinern sie ihre Nahrung.

Bei dieser Amboina-Scharnierschildkröte kann man die Hornschneiden zum Zerkleinern der Nahrung gut erkennen.

Der Panzer bietet Schutz vor Gefahr. Manche Arten können – so wie diese Rotwangen-Klappschildkröte – ihren Panzer komplett zuklappen.

Der wunderschön verzierte Panzer einer Indianerzierschildkröte.

Mit den Beinen pumpen die Wasserschildkröten Luft in die Lungen.

Beine

Je nachdem, um welche Art Schildkröte es sich handelt, sind Beine und Krallen sowie Schwimmhäute ausgebildet. Die Krallen wachsen ständig nach und nutzen sich normalerweise auf dem Untergrund ab.

An den **Beinen und Krallen erkennt man, ob es sich um eine Wasser- oder Sumpfschildkröte handelt.**

Lungen

Zwar atmen Schildkröten über Lungen, doch weil sie einen unbeweglichen Panzer haben, können sie den Brustkorb nicht ausdehnen.

Die Schildkröte atmet also mit Hilfe ihrer Vorderbeine: Streckt sie sie nach vorne, füllen sich die Lungen mit Sauerstoff, zieht die Schildkröte die Beine an, wird die Luft herausgepresst. Ist die Lunge krank oder kann die Schildkröte durch eine Erkrankung die lebensnotwendige Kontraktion nicht ausführen, erkennen Sie das an der Schräglage der Schildkröte im Wasser.

Zwar können einige Schildkrötenarten durch die Schleimhaut im Schlundbereich atmen und daher lange unter Wasser bleiben, jedoch darf eine Schildkröte niemals untergetaucht werden – dann ertrinkt sie. Auch kalte Zugluft oder Temperaturen, die niedriger als die Wassertemperatur sind, können eine Lungenentzündung auslösen oder gar tödlich für die Schildkröte sein.

Meine gesunde Wasserschildkröte

Gesunde und kranke Schildkröten

In menschlicher Obhut sind Schildkröten weit aus anfälliger als in der Natur. Das liegt unter anderem an Stressfaktoren, denen sie in der Wildnis nie ausgesetzt sind. Zu den Stressfaktoren zählen Transport, zu viele Schildkröten in einem zu kleinen Aquaterrarium, falsche Haltung, verkehrte Fütterung, mangelnde Sauberkeit, Vitaminmangel, Wasserentzug. Das alles macht die Schildkröten anfällig für Krankheiten und Schuld hat der Halter, der die Bedürfnisse seiner empfindsamen und empfindlichen Schildkröten nicht kennt.

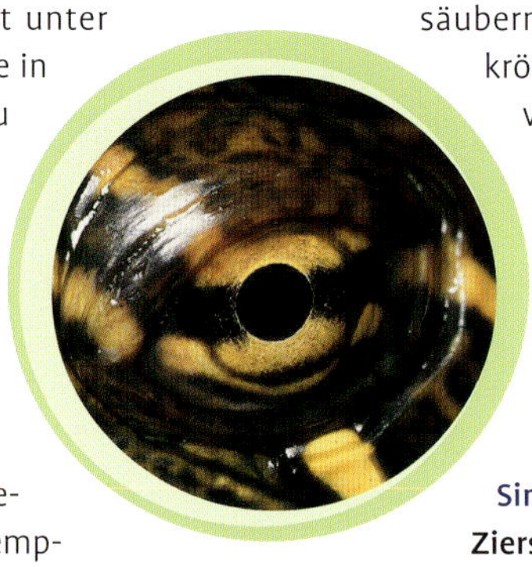

Sind die Augen klar wie bei dieser Zierschildkröte, ist das Tier gesund. Trübe Augen deuten auf eine Krankheit.

Gesundheitsvorsorge

Halten Sie sich an einen regelmäßigen Pflegeplan, säubern Sie das Aquaterrarium Ihrer Schildkröte gewissenhaft und halten Sie es so von Parasiten und Krankheitserregern fern. Bei Wasserschildkröten ist das besonders wichtig, denn sie leben überwiegend im Wasser, haben dadurch einen hohen Stoffwechsel und koten folglich oft ins Wasser.

Mein Tipp: Lassen Sie den Kot Ihrer Schildkröte regelmäßig untersuchen und wiegen Sie Ihre Schildkröte alle paar Wochen, um zu sehen, ob sie an Gewicht zunimmt.

Generell gilt: Beobachten Sie Ihre Schildkröte aufmerksam und regelmäßig, nur dann können Sie verändertes Verhalten, das auf Krankheit schließen lässt, erkennen.

Eine gesunde Schildkröte versucht wieder auf die Beine zu kommen und schafft es auch.

Beobachten Sie Ihre Schildkröte genau. Nimmt die Schildkröte auch keine Leckerbissen mehr an, ist Vorsicht geboten.

Wann muss meine Schildkröte zum Arzt?

Wenn die Winterruhe nicht unmittelbar bevorsteht, sind Trägheit und Futterverweigerung ein Indiz für eine mögliche Krankheit Ihrer Schildkröte. Auch wenn sie nicht mehr schwimmen mag, kann das ein Zeichen dafür sein, dass ein Arztbesuch dringend notwendig ist. Nehmen Sie auf jeden Fall eine Kotprobe mit.

Parasiten sind zunächst einmal normal und bei allen Reptilien im Verdauungstrakt vorhanden. Doch durch falsche Fütterung oder mangelnde Hygiene kann der Parasit gefährlich für die Schildkröte werden.

Auch nicht ungefährlich: Egel, die sich im Gartenteich befinden. Sie können ebenfalls die Schildkröte befallen.

Dass Ihre Schildkröte Durchfall hat, erkennen Sie am breiig-schleimigen Kot. Alarmstufe Rot ist, wenn Sie Blut im Kot sehen.

Leider sterben etwa 30 % aller Schildkröten in menschlicher Obhut an einer Erkrankung der Atmungsorgane. Ursachen dafür gibt es viele. Wenn das Immunsystem aufgrund von Mangelernährung angegriffen ist, kann sich die empfindliche Schildkröte schnell erkälten. Auch zu große Temperaturunterschiede im Freilandgehege lösen bei der Schildkröte häufig eine Erkältung oder gar Lungenentzündung aus.

Geschwollene Augen sind häufig Zeichen für eine Organerkrankung der Schildkröte. Als Ursache dafür ist meist Vitamin-A-Mangel und schmutziges Wasser verantwortlich.

Hat sich Ihre Schildkröte äußerlich verletzt, betupfen Sie die Stelle mit einer Jodtinktur. Große Wunden, Pilzbefall oder Hautnekrosen müssen unbedingt vom Tierarzt behandelt werden.

Liegt eine **Schildkröte teilnahmslos im Wasser, müssen Sie das Tier beobachten.**

Krankheitsmerkmale und ihre Ursachen

In allen Fällen sollten Sie Ihr Tier unverzüglich zum Tierarzt bringen, denn Schildkröten sind empfindliche Wesen. Im Folgenden sind die häufigsten Krankheiten nach ersten Anzeichen, Krankheitsbild und möglicher Ursache aufgezeigt.

Info

- Geschwollene Augen: **Augenentzündung:** *schmutziges Wasser, Fremdkörper, Zugluft*
- Sekret in den Augen: **Vitamin-A-Mangel:** *zu viel Rinderherz / Muskelfleisch*
- Trübung der Hornhaut: **Hornhautschaden:** *Bestrahlungsdauer zu lang; UV-Strahler zu nahe am Tier*
- Totale Linsentrübung: **Erblindung:** *Ursache unklar. Sie müssen Ihre Schildkröte mit der Hand füttern, weil sie das Futter nicht mehr findet*
- Lethargie, Panzer wird weich, Blutung, Nahrungsverweigerung: **Vitamin-D-Vergiftung:** *falsche Dosierung der Futterzusätze*
- Apathie, Atemnot, pfeifender Atem, Schieflage im Wasser, Nasensekret: **Lungenentzündung, Schnupfen, Verstopfung**
- Apathie, Futterverweigerung: **Stoffwechselprobleme:** *zu kalt / zu dunkel*
- Futterverweigerung, abgemagertes Tier: **Verletzungen, Darmentzündungen, Kieferdeformation:** *Nahrung zu weich, schlechte Pflege, Infektion, Stress*
- Abmagern, breiiger Kot, Würmer: **Durchfall:** *falsche Nahrung, zu kalt, Wurmbefall*
- Flecken (grau, rosa) auf dem Panzer: **Pilzinfektion:** *Die Umgebung ist zu feucht*
- Wunden im Panzer: **durch Biss, Unfall:** *Infektion des Gewebes*
- Sonstige Hautwunden: **Verbrennung:** *zu tief hängende Wärmestrahler*
- Krallen bluten: **Nagel ausgerissen:** falscher *Untergrund (zu hart), zu lange Krallen*
- Weibchen setzt Legetätigkeit aus: **keine Wehen mehr, Legenot:** *zu große Eier, zu enger Geburtsweg, Blasenstein, Calcium- oder Hormonmangel*

Mit ihren Schnäbeln können die Rotwangenschildkröten nicht nur den Halter, sondern auch ihre Artgenossen heftig beißen. Suchen Sie bei Bisswunden an den Tieren immer einen Tierarzt auf.

Krankheiten

Abszesse. Einen Abszess erkennen Sie an einer verhärteten Stelle unter der Haut (entzündet, Eiteransammlung). Haben Sie einen Abszess festgestellt, suchen Sie bitte sofort einen Arzt auf, damit der Abszess fachgerecht aufgeschnitten wird und der Eiter abfließen kann.

Amöben / Flagellaten / Hexamiten. Dass Ihre Schildkröten von einem dieser Einzeller befallen ist, äußert sich in folgendem Verhalten: Das Tier frisst nicht mehr, liegt apathisch in der Ecke. Auch hier gilt, wie bei allen anderen Krankheiten, sofort den Tierarzt aufsuchen.

Erkältung. Eine Erkältung ist bei Wasserschildkröten nicht zu unterschätzen. Nicht richtig, falsch oder gar nicht behandelt, wird die Erkältung schnell zur Lungenentzündung. Diese können Sie an folgenden Anzeichen erkennen: Ihr Tier liegt schief (bis zu 90 °C) im Wasser, sackt ab, kann nicht mehr schwimmen, röchelndes, schweres Luftholen mit vorgestrecktem Hals und hat eine verschleimte Nase.

Würmer / Parasiten. Ein bräunlich rot durchscheinender Bauchpanzer kann das äußere Erkennungsmerkmal für einen Wurmbefall sein. Die Übertragungswege: Verfütterung von Aas oder halb zersetztem Futter, Teichschnecken, unsaubere Futtertierzuchten. Kranke Tiere müssen von den anderen getrennt werden, um eine Ansteckungsgefahr zu vermeiden. Vorsichtshalber wechseln Sie auch das Wasser. Während der Behandlung müssen Sie einmal in der Woche den Filter reinigen und nach dem Kontakt mit dem befallenen Tier die Hände desinfizieren.

Sind die **Klettermöglichkeiten zu hoch und schmal, besteht Verletzungsgefahr, wenn die Tiere auf harten Untergrund fallen.**

Gicht. Ist das Wasser im Aquarium oder Teich zu kalt, können Ihre Wasserschildkröten an Gicht erkranken. Eine zweite Ursache für diese Erkrankung tritt auf, wenn Sie Hunde- oder Katzenfutter als Nahrung geben. In dieser Dosen- oder Trockennahrung befindet sich ein Stoff (Purin), der zur Ablagerung von Harnsäurekristallen führt – und zwar in Nieren und Gelenken. In Gelenken bilden sich schmerzhafte Knoten (Gicht).

Hautwunden und Bisse. Nachdem Sie von einem Tierarzt die Wunden versorgen ließen, können Sie weitere Maßnahmen ergreifen, die die Heilung fördern. Dazu gehören: höhere Wassertemperatur und häufiges Wechseln des Wassers. Haben Sie mehrere Schildkröten, trennen Sie das kranke Tier von den gesunden, damit eventuell austretender Eiter nicht das Wasser verschmutzt und womöglich zu weiteren Krankheiten führt.

Eine so rege **Gelbkopf-Scharnierschildkröte dürfte kerngesund sein.**

Herpes-Virus. Eine Herpes-Erkrankung kommt zwar bei Wasserschildkröten noch recht selten vor, ist aber gefährlicher als Sie denken. Wird sie nicht erkannt, kann Ihre Schildkröte daran sterben. Im Anfangsstadium treten nur kleine rote Punkte auf der Zunge auf. Anschließend schwillt sie an und ist mit einem weißen Belag bedeckt. Manchmal ist die Zunge so dick, dass sich die Schildkröte beim Fressen selber ein Stück aus der Zunge abbeißt. Oft wandert eine Herpes-Infektion weiter in den Magen- und Darmtrakt. Die Anzeichen dafür sind Durchfall und damit verbunden wiederum Auszehrung.

Nekrose. Bei einer Nekrose sterben an bestimmten Stellen Zellen oder Gewebe ab. Bei Schildkröten kann diese Krankheit sowohl den Panzer als auch die Haut betreffen. Die Ursachen können vielfältig sein. Einerseits durch Stöße (beim Transport) oder auch durch Fische, die mit einem Virus infiziert wurden. Die Anzeichen für eine Nekrose sind auffällig: In der Haut entstehen sogenannte Löcher, der Panzer wird heller, bekommt weiße Flecken. Erschwerend kommt hinzu, dass sich auf den Nekrosestellen oft auch noch ein Pilz ansiedelt. Je kühler das Wasser oder die Lufttemperatur wird, umso leichter werden die Schildkröten befallen.

Legenot. Als Legenot bezeichnen Experten die Unfähigkeit des Weibchens, ihre Eier abzulegen. Stress, ein fehlender oder ungeeigneter Legeplatz, zu häufiges Anfassen können zur Legenot führen. Sie müssen schnell handeln! Denn wenn ein Tierarzt nicht hilft, wird das Weibchen sterben.

Nierenentzündung. Eine Nierenentzündung wird durch Bakterien verursacht und kann an einem rötlich durchschimmernden Bauchpanzer, rötlicher Beinhaut und angeschwollenen Beinausschnitten (mit Ödemen) erkannt werden. Manchmal werden auch die Hinterbeine hinterher gezogen. Wichtig: Schildkröten, die sich einmal eine Nierenentzündung zugezogen haben, dürfen nicht wieder in den Teich und benötigen ständig eine Wassertemperatur von 32 °C.

Ödeme. Ödeme sind Wasseransammlungen im Gewebe und entstehen bei Nierenentzündungen, Lungenentzündungen und bei asiatischen Wasser- und Sumpfschildkröten auch an Einstichstellen von einer Spritze.

Panzerbruch. Der Bruch eines Panzers muss – wie fast jede Krankheit bei Schildkröten – sofort vom Arzt behandelt werden. Wobei zum einen die Wunde gesäubert und zum anderen der Bruch geklebt werden muss.

Dieser Panzer ist gesund. Sobald er rötlich schimmert, ist Aufmerksamkeit angesagt. Sind dann auch noch die Beine befallen, könnte es sich um eine Nierenentzündung handeln.

Pilzbefall. Pilzbefall ist für Schildkröten eine nicht zu unterschätzende Krankheit. Er ist leicht zu erkennen an weichen, schlecht riechenden Stellen. Oft ist auch das Kinn (kleiner brauner Fleck) der Schildkröte befallen. Ursache des Befalls ist in vielen Fällen der Faulschlamm von Teichen beim Überwintern. Sobald Sie Pilzbefall feststellen, ist sofortiger Handlungsbedarf angesagt.

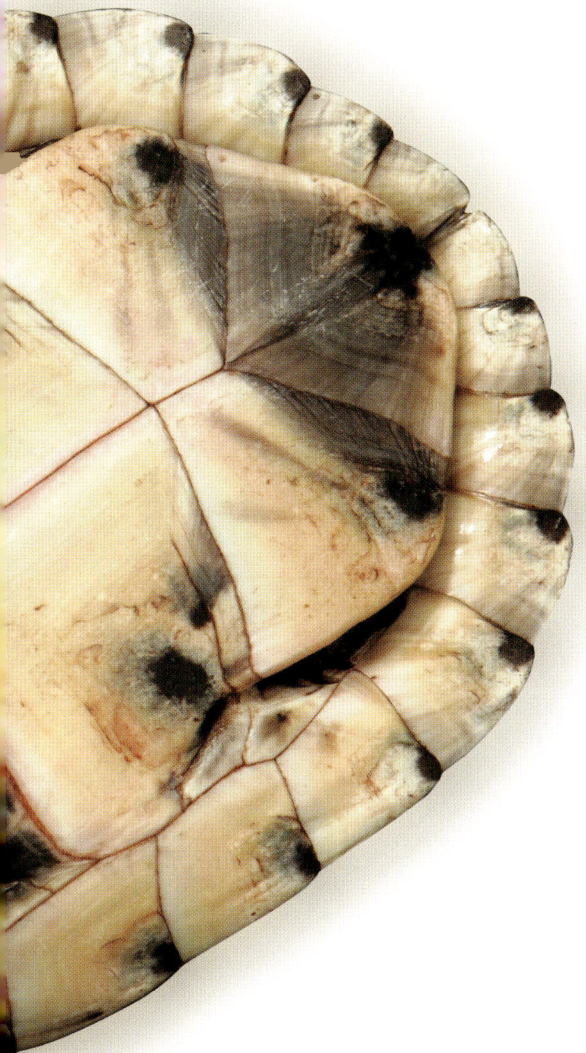

Rachitis. Eines der größten Probleme ist die Rachitis bei Schildkröten. Bei dieser Form der Krankheit verknöchert der Panzer zu langsam und ungenügend. Deswegen spricht man auch von Panzererweichung. Um zu testen, ob Ihre Schildkröte unter Rachitis leidet, betasten Sie sie regelmäßig. Der Panzer muss fest sein. Lediglich bei jungen Schildkröten ist er im hinteren Teil noch elastisch. Schuld an der Rachitis ist eine Mangelernährung. Sie wird durch Vitamin D behoben. Zusätzlich sollte die Schildkröte mit UV-Strahlen behandelt werden.

Eine Verschlechterung dieser Krankheit geschieht durch Calcium- und Phosphormangel. Die Folge sind Verformungen des Panzers, beispielsweise biegt sich der Panzerrand auf. Solche Deformationen bilden sich nicht zurück. Wird die Schildkröte jedoch richtig behandelt, wird der Panzer wieder fest. Denken Sie daran, Ihrer Schildkröte genügend Mineralstoffe und Vitamine zu geben. Aber nur durch genügend Licht bzw. UV-Strahlen kann der Stoffwechsel optimal stattfinden und die Nährstoffe aufgenommen werden.

UV-Strahlen und Kalzium sind wichtig, damit Schildkröten nicht von Rachitis bedroht sind.

Vitaminmangel. In der freien Natur nehmen Wasserschildkröten die erforderlichen Vitamine mit ihrer Nahrung auf. Wenn sie jedoch in häuslicher Umgebung leben, müssen die notwendigen Vitamine künstlich zugefüttert werden. Sonst entstehen Mangelerscheinungen und damit verbunden Krankheiten.

- *Vitamin-A-Mangel:* Anschwellen der Augen, weiße Sekretabsonderungen an den Augen und Schleimhautrötungen
- *Vitamin-B-Mangel:* Lähmungserscheinungen, wie Nachziehen der Beine
- *Vitamin-D3-Mangel:* nach innen eingefallene oder nach außen ausgebeulte Panzer (Grund: Keine ausreichende UVA- und UVB-Bestrahlung)

Eine gesunde, ausgewogene und abwechslungsreiche Nahrung bringt den Vitaminhaushalt auf Trab.

Notfallapotheke

Bei Wasser- und Sumpfschildkröten ist die Notfallapotheke wenig bestückt, da man eigentlich fast immer (Ausnahme Beginn einer Erkältung) zum Arzt muss. Allerdings: Erkundigen Sie sich vorher, wo der nächste Tierarzt wohnt, der auch Reptilien behandeln kann. Auskunft darüber gibt es ebenfalls beim DGHT.
Für die Erstbehandlung einer Erkältung ist nur Kamillenkonzentrat erforderlich.

Erste Hilfe

Wenn Ihre Schildkröte die ersten Anzeichen einer Erkältung zeigt, gönnen Sie ihr am besten ein Dampfbad. Das Schildkrötendampfbad gelingt, indem Sie in einen Eimer 35 °C warmes Wasser schütten. Die Schildkröte setzen Sie in ein Küchensieb, legen es über den Eimer und decken dann für 15 Minuten ein Tuch darüber. Die Schildkröte danach warm halten. Eine noch bessere Wirkung eines Dampfbades erzielen Sie, wenn Sie Ihrem kranken Tier eine ein- bis zweitätige Dampfsauna gönnen. Dafür legen Sie ein Heizkissen in einen Styroporkarton, legen ein feuchtes Tuch auf das Heizkissen und träufeln einen Tropfen Kamillenextrakt auf das Tuch. Dann dunkeln Sie den Kasten ab und gönnen dem kranken Tier ein bis zwei Tage Ruhe. Atmet die Schildkröte nach zwei bis drei Tagen immer noch röchelnd, muss ein Tierarzt ran.

Für diese Zackenerdschildkröte gibt es nur eine Erste-Hilfe-Variante: den Gang zum Tierarzt. Hervorquellende Augen können das Symptom für mehrere Krankheiten sein.

Zucht

Nachwuchs

Es gibt einige Voraussetzungen, die für eine erfolgreiche Zucht erfüllt werden müssen. Wann eine Schildkröte geschlechtsreif ist, hängt von der Art und den natürlichen Einflüssen ab. In menschlicher Obhut spielen die Größe des Aquaterrariums und seine Ausstattung sowie die Ruheperioden eine entscheidende Rolle. Im Übrigen ist die Körpergröße der einzige Anhaltspunkt für den Reifegrad der Schildkröte. Die Europäische Sumpfschildkröte ist mit zehn bis 12 Jahren erwachsen. In Obhut von Menschen liegt die Geschlechtsreife von Schildkröten in der Regel bei etwa acht Jahren.

Im März, April wenn die Schildkröte aus ihrer Winterruhe erwacht ist, beginnt die Werbung. Dabei bedrängt das Männchen das Weibchen sehr heftig. Der Akt als solches geschieht unter Wasser, manchmal ertrinkt das Weibchen sogar beim Akt. Denken Sie während dieser Zeit bitte daran, nur ein paarungswilliges Weibchen mit einem Männchen in ein Gehege zu setzen. Werben mehrere Männchen um ein Weibchen, kann es zu Verletzungen durch zu heftige Rangeleien kommen.

Die Eiablage

Alle Schildkröten legen bzw. vergraben ihre Eier im Sand. Die Eiablage geschieht in der Zeit von Mai bis Juli. Manche Weibchen legen mehrfach Eier ab. Kurz vor der Eiablage wird das Weibchen unruhig und sucht nach einem entsprechenden Platz. Je nach Art werden ein bis 25 Eier in eine Grube gelegt, die vorher durch Graben mit den Hinterbeinen entstanden ist. Es kann passieren, dass Eier ins Wasser abgestoßen werden. Dann sind sie meist unbefruchtet. In manchen Fällen kann es aber auch sein, dass dem Weibchen die Möglichkeit fehlte, alle Eier zu vergraben.

Sorgen Sie bitte für einen entsprechenden Eiablageplatz. Besonders für die Wasserschildkröte muss es eine Möglichkeit geben, ihre Eier an Land abzulegen. Beachten Sie, dass die Sandhöhe mindestens eine Panzerhöhe betragen muss, damit das Schildkrötenweibchen bereit ist, eine Kuhle zu buddeln. Ist das Aquaterrarium zu klein, um einen extra Ablageplatz zu schaffen, behelfen Sie sich mit einem einfachen Kniff: Eine Kiste mit leicht feuchtem Sand stellen Sie neben das Aquaterrarium. Dann verbinden sie beides mit einer Holzrampe, sodass die Wasserschildkröte in die Kiste klettern und dort ihre Eier vergraben kann. Wichtig ist, dass Sie den Weg vom Aquaterrarium in die Kis-

Wer züchten will, braucht Geduld, entsprechende Ausrüstung und ein bisschen Glück.

In der freien Natur vergraben Sumpf- und Wasserschildkröten ihre Eier im Sand. Die Sonne brütet die Jungen aus.

te so absichern, dass das Weibchen unter keinen Abständen abstürzen kann. Verwenden Sie beispielsweise Plexiglasscheiben als Zaun. Kommt es nun also zur Ablage der Eier – ein bis sechs sind durchaus üblich – nummerieren Sie die Eier vorsichtig mit einem wasserfesten Stift. Das ist wichtig, wenn Sie die Eier in eine Brutvorrichtung legen wollen, denn die Eier dürfen unter keinen Umständen gedreht werden. Der Keim kann sonst vom Dotter erdrückt werden. Die Folge wäre, dass keine Schildkröten schlüpfen würden. Außerdem hilft die Nummerierung, wenn es mehrere Eiablagen über einen längeren Zeitraum gibt. Dann wissen Sie ungefähr, wann mit dem Nachwuchs zu rechnen ist.

Ist das Ei befruchtet?

Ob die Schildkröteneier befruchtet sind, können Sie leicht feststellen. Das Ei mit der markierten Seite nach oben gegen Licht halten. Bei befruchteten Eiern erkennen Sie in der ersten Zeit Blutgefäße, später dann dunkle, immer größere werdende Körper. Befruchtete Eier werden schwerer. Unbefruchtete Eier teilen sich in zwei unterschiedlich helle Bereiche und werden mit der Zeit immer leichter. Es kann durchaus geschehen, dass Embryos absterben. Das kann daran liegen, dass die Eltern nicht genügend Vitamine und andere überlebenswichtige Stoffe hatten.

Schaffen Sie Ihrer Schildkröte einen Platz mit Sand, wo sie ihre Eier ablegen kann.

Die Brutkammer

Die Eier dürfen im Inkubator nicht umgedreht werden.

Haben Sie sich für eine künstliche Brutvorrichtung entschieden, können Sie eine Plastikbox (gerne durchsichtig, um nichts zu verpassen) nehmen. Und so schaffen Sie die richtigen Voraussetzungen: Den Boden der Kiste 5 mm hoch mit Wasser füllen. Die Hälfte der Kiste füllen Sie anschließend entweder mit feuchtem Sand oder Vermiculit® (das ist ein Isolationsstoff, den Sie im Baumarkt bekommen) auf. Die markierten Eier werden bis zur Hälfte in das Vermiculit® gebettet und dann wird die Kiste verschlossen. In der Kiste entwickelt sich die für die Brut notwendige Feuchtigkeit von 95 bis 100 %. Allerdings ist es wichtig, den Deckel drei bis vier Mal täglich zu öffnen, um durch Fächeln neuen Sauerstoff in die Brutkammer zu bekommen. Sorgen Sie auch dafür, dass die Kiste ein wenig schräg steht (schieben Sie einen kleinen Keil unter eine Seite), damit Kondenswasser nicht auf die Eier tropfen kann.

Im Fachhandel gibt es übrigens auch Brutapparate zu kaufen. Haben Sie einen Brutschrank, wie er zum Ausbrüten von Hühner- oder Gänseküken benutzt wird, so können Sie die Schildkröteneier auch dort bebrüten lassen. Für die ganz kreativen unter Ihnen besteht auch noch die Möglichkeit, einen Inkubator selber zu bauen. Dafür brauchen Sie ein Aquarium, ei-

Ein professioneller Brutkasten (Inkubator) erledigt die Aufgabe der Sonne.

Es gibt die Inkubatoren auch in dieser kleineren Ausführung.

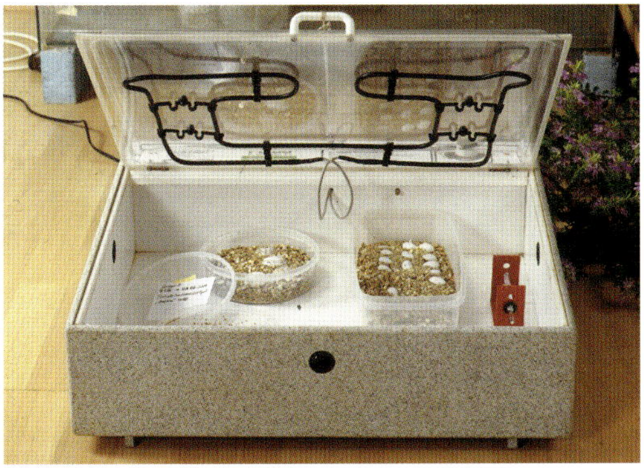

nen Backstein, einen Heizstab, eine Plastikschale mit Sand, eine Plexiglasplatte und Frischhaltefolie. Legen Sie den Backstein ins Aquarium, darauf stellen Sie die Plastikschale mit dem Sand. Dahinein legen Sie die Eier. Füllen Sie so viel Wasser ins Aquarium, bis der Stein fast komplett unter Wasser ist. Dann bringen Sie den Heizstab an und stellen Ihn auf die entsprechende Temperatur. Mit einer weiteren Plexiglasplatte decken Sie das Aquarium ab. Legen Sie auf einer Seite zwischen Behälter und Abdeckplatte einen Keil unter, damit das Kondenswasser ablaufen kann. Das ist äußerst wichtig, da auf die Eier kein Wasser tropfen darf.

Achten Sie darauf, welchen Temperaturbereich Ihr Heizstab regeln kann. Manche schaffen höchstens 30 °C. Das ist bei einigen Schildkrötenarten zum Bebrüten zu wenig. Damit das warme Wasser gleichmäßig verteilt wird, bietet es sich an, zusätzlich zum Heizstab noch eine kleine Pumpe zu installieren. Um Temperaturschwankungen weitgehend zu vermeiden, können Sie das Aquarium auch mit Styropor ummanteln. Übrigens, mit Hilfe eine Taschenlampe können Sie das Wachstum des Embryos im Ei beobachten. Aber denken Sie bitte daran: Heben Sie ein Ei nur ganz selten hoch und drehen Sie es möglichst nicht! Vor allem niemals um die horizontale Achse drehen!

Die Schildkrötenbabys schlüpfen

Nach etwa 50 Tagen schlüpfen dann die kleinen Schildkröten. Machen Sie sich keine Gedanken, wenn es bei Ihrer Schmuckschildkröte länger dauert. Das ist normal! Es kann 90 und in einigen Fällen sogar 120 Tage dauern, bis die Kleinen schlüpfen! Der Schlupfvorgang selbst dauert zwischen ein und drei Tagen.

Und noch ein kleiner Tipp: In der Natur schlüpfen Männchen aus den Eiern, wenn die Bruttemperaturen vergleichsweise gering sind. Bei höheren Temperaturen schlüpfen zumeist Weibchen. Der Vorgang des Schlüpfens selber dauert zwischen ein und drei Tagen. Gesunde Schildkröten schaffen das auch ohne Hilfe. Spätestens jetzt die geschlüpften Frischlinge von ihren Eltern trennen! Mit der Fütterung des Nachwuchses warten Sie so lange, bis der Dottersack am Bauchnabel der kleinen Schildkröte verdaut ist. Dann aber fressen die Jungschildkröten genau das Gleiche wie ihre Eltern. Allerdings sollten Sie das Futter klein schneiden.

Rotlichtbestrahlung wird bei kranken Tieren notwendig. Es sollte schon vorher im Hause sein, damit es schnell eingesetzt werden kann.

Aufzucht der Jungschildkröten

Die Jungschildkröten müssen getrennt von ihren Eltern gehalten werden – am besten in einem Aufzuchtbehälter von 50 Liter. Wichtig sind viele Verstecke und ein Wasserstand von höchstens 5 cm. Sorgen Sie darüber hinaus für einen Platz unter einer Wärmelampe (35 °C). In der ersten Woche fressen die kleinen Schildkröten nicht. So lange dauert es, bis sich der Stoffwechsel umgestellt hat. Denken Sie daran, das Futter klein zu schneiden, passend für den kleinen Schnabel der Jungtiere. Und vergessen Sie nicht ausreichend Vitamine und Kalk zuzufüttern. Da die kleine Wasserschildkröten sehr schnell wachsen, müssen sie öfter und abwechslungsreicher gefüttert werden, um Mangelerscheinungen zu vermeiden. Gerne genommen werden Regenwürmer, Flohkrebse, Wasserinsektenlarven. Damit sich die Kleinen gut entwickeln, brauchen sie ein Mal pro Tag 15 Minuten UV-Licht.

Nachwort

Sie haben eine Tierhaarallergie? Sie möchten ein Haustier haben, das Sie beobachten können, aber es sollen keine Fische sein? Sie sind kreativ und handwerklich begabt? Denken Sie doch mal darüber nach, ob Sie nicht der geborene Schildkrötenfreund sind.

Diese Reptilien gehören zu einer uralten Spezies, sind lebhaft, neugierig, spannend zu beobachten, hübsch anzusehen und lösen nachweislich keine Allergien aus.

Wenn Sie sich für eine Schildkröte entscheiden, informieren Sie sich vorher sehr genau im Zoofachhandel oder bei einem guten Züchter. Holen Sie sich Tipps von Verbänden und Vereinen oder im Internet, und lesen Sie Fachzeitschriften. Machen Sie sich mit allem vertraut, was die Schildkröte, für die Sie sich entschieden haben, braucht, um gesund zu bleiben und sich wohlzufühlen. Als Schildkrötenlaie sollten Sie sich zunächst nur mit einer Schildkröte begnügen.

Sind alle Fragen geklärt und Sie haben sich nach reiflicher Überlegung für eine Schildkröte entschieden, ist es Zeit, das Aquaterrarium herzurichten. Lassen Sie bei der Gestaltung Ihre Fantasie und Kreativität spielen, berücksichtigen Sie aber die Bedürfnisse Ihrer Schildkröte. Ist das Quartier fertig, kann die Schildkröte einziehen. Möglicherweise sind Sie am Anfang noch unsicher, was den richtigen Umgang angeht. Scheuen Sie sich nicht, um Rat zu fragen. Denn nur wenn Sie vollkommen sicher in der Pflege Ihrer Schildkröte sind, werden Sie viele Jahre und Jahrzehnte Freude an Ihrem Pflegling haben. Sie werden feststellen, dass eine artgerechte Unterbringung aufwändig ist und mehrere hundert Euro kosten kann. Wenn Sie handwerkliches Geschick haben, können Sie viel Geld sparen, indem Sie einiges selber bauen.

Bis die Waldbachschildkröte ausgewachsen ist, bedarf es viel Pflege.

Service

Adressen

- Deutsche Gesellschaft für Herpetologie und Terrarienkunde (DGHT) e. V., D-53351 Rheinbach, Postfach 1421, Arbeitsgemeinschaft Schildkröten des DGHT, **www.dght.de**
- Zentralverband Zoologischer Fachbetriebe Deutschlands e. V., Langen (*nur telefonische Auskunft:* (0 61 03) 91 07 32)
- Verband Deutscher Vereine für Aquarien- und Terrarienkunde (VA), Bochum
- Zeitschriften „elaphe" und „Salamandra", Zeitschrift „Datz"

Links

www.dght.de
www.schildkroeten.com
www.schroete.de

(Hinweis: Der Verlag Eugen Ulmer ist nicht für den Inhalt von Links verantwortlich)

Literatur

- C.H. Ernst, R.G.M. Altenburg, R.W. Barbour, *Windows Version* (World Biodiversity Database CD-ROM Series), Springer-Verlag, Berlin Heidelberg.
- Andreas S. Hennig, bede-Verlag, 2002. *Ihr Hobby, Wasserschildkröten*. Ruhmannsfelden.
- Reiner Praschag, Verlag Eugen Ulmer, 2007. *Wasserschildkröten*. Stuttgart.
- Manfred Rogner, Kosmos (Franckh-Kosmos) Verlag, 2003, *Wasserschildkröten*. Stuttgart.
- Dr. Lutz Sassenburg, bede-Verlag, 2005. *Handbuch, Schildkrötenkrankheiten*. Ruhmannsfelden.
- Werner Ullrich, Falken Verlag, 1999. *Sumpf- und Wasserschildkröten – Auswahl, Unterbringung, Pflege*. Niedernhausen / Ts.

Meldepflichtige Schildkröten müssen bei folgenden Behörden gemeldet werden:

- In **Berlin** bei den jeweiligen Bezirksämtern,
  - z.B. Amt für Umwelt und Natur, Tel. (030) 25 88 80 13
  - Naturschutzbehörde, Kniprodstaße 62, Tel. (030) 42 40 45 13
- In **Schleswig-Holstein** beim Landesamt für Natur und Umwelt, Hamburger Chaussee 25, 24220 Flintbek,
- In **Hamburg** beim Naturschutzamt, Billstraße 84, 20539 Hamburg, Tel. (040) 4 28 45 21 09, E-Mail: cites@bug-hamburg.de
- In **Bremen** beim Senator für Bau und Umwelt, Große Weidestr. 4-16, 28195 Bremen
- In **Niedersachsen** beim Niedersächsisches Landesamt für Ökologie, An der Scharlake 39, Postfach 101062, 31135 Hildesheim, Tel. (0 51 21) 509-0
- In **Nordrhein-Westfalen** immer an die Unteren Landschaftsbehörden der Kreise bzw. kreisfreien Städte wenden. Das Gleiche gilt für **Rheinland-Pfalz**.
- In **Hessen** an den Regierungspräsident Gießen,
  - Obere Naturschutzbehörde, Abt. 74 – R25 -3, Postfach 10 08 51, 35338 Gießen oder auch
  - Regierungspräsidium, Wilhelminenstraße. 1-3, 64278 Darmstadt, Tel. (0 61 51) 12 38 28
- Im **Saarland** an die Unteren Naturschutzbehörden der Kreise und kreisfreien Städte.
- Für **Baden-Württemberg** gelten folgende Adressen:
  - Regierungspräsidium Karlsruhe, Referat 56, 76247 Karlsruhe

- Regierungspräsidium Tübingen, Konrad-Adenauer-Straße 29, 72272 Tübingen sowie
- Regierungspräsidium Stuttgart, Ruppmannstraße 21, 70565 Stuttgart

- Für **Bayern** gilt die Adresse: Landeshauptstadt München, Referat für Stadtplanung und Bauordnung, Hauptabteilung IV, Untere Naturschutzbehörde, Blumenstraße 28b, 80331 München

- Für **Brandenburg und Sachsen** sind die Unteren Naturschutzbehörden der Kreise und kreisfreien Städte zuständig.

- Für die behördliche Anmeldung von Schildkröten in **Sachsen** ist das jeweilige Regierungspräsidium Dresden, Chemnitz oder Leipzig zuständig:
  - Regierungspräsidium Dresden, Ref. Naturschutz/Landschaftspflege, Stauffenbergallee 2, 01099 Dresden
  - Regierungspräsidium Leipzig, Höhere Naturschutzbehörde, Braustraße 2, 04107 Leipzig
  - Regierungspräsidium Chemnitz, Höhere Naturschutzbehörde, Altchemnitzerstraße 41, 09120 Chemnitz

- In **Sachsen-Anhalt** sind Die Unteren Naturschutzbehörden der Kreise und kreisfreien Städte zuständig.

- In **Thüringen** Staatliches Umweltamt Gera, Dezernat Naturschutz, Hermann Drechsler Straße 1, 07548 Gera

Haftungsausschluss

Die in diesem Buch enthaltenen Empfehlungen und Angaben sind vom Autor mit größter Sorgfalt zusammengestellt und geprüft worden. Eine Garantie für die Richtigkeit der Angaben kann aber nicht gegeben werden. Autor und Verlag übernehmen keinerlei Haftung für Schäden und Unfälle.

Bildnachweis

Alle Bilder stammen vom **Text-Bild-Konzept** (www.tbkmedia.de), Hamburg, sofern nicht anders angegeben. **Burkhart Kahl:** Seite 2 unten, 3 links unten, 3 rechts oben, 5, 7 unten, 8 links unten, 9 rechts unten, 10 links unten, 11 links unten, 13 rechts oben, 17 unten, 18 links von oben, 18 links oben, 21 oben, 34, 46 unten, 47 rechts oben, 47 links oben und 49 unten. **bede:** Seite 2 unten, 3 rechts unten, 19 oben rechts, 24 oben, 35 oben. **Rainer Zirngibl:** Seite 12 rechts oben

Impressum

Bibliografische Information der Deutschen Nationalbibliothek
Die Deutsche Nationalbibliothek verzeichnet diese Publikation in der Deutschen Nationalbibliografie; detaillierte bibliografische Daten sind im Internet über **http://dnb.d-nb.de** abrufbar.

Wollgrasweg 41, 70599 Stuttgart (Hohenheim)
E-Mail: info@ulmer.de
Internet: www.ulmer.de
Titelfoto: Bildagentur Digitalstock.de/A. Lindert-Rottke
Umschlagentwurf, Innenlayout und DTP: Sojus Design, Kai Twelbeck, Stuttgart
Druck und Bindung: Litotipografia Alcione, Lavis
Printed in Italy

ISBN 978-3-8001-6975-7